DIANWANG QIYE ZUOYE BIAOZHUN
CHENGBEN YINGYONG

电网企业作业标准成本应用

国网浙江省电力有限公司 组编

中国电力出版社
CHINA ELECTRIC POWER PRESS

内容提要

标准成本的制定与执行是国家电网公司精益管控成本的重要组成部分。本书根据各业务部门人员的认知规律，对教材结构和内容进行了精心的组织和安排，既强调标准成本理论的学习，又强化作业化标准成本应用场景实务技能。本书注重引导读者掌握基本理论、基本方法和实务技能，从而为科学编制预算、加强成本精益管控奠定重要基础。

本书由标准成本基本理论与结构、生产检修运维标准成本体系构建、营销检修运维标准成本体系构建、其他运营费用标准成本体系构建、电网企业作业标准成本深化应用五大部分构成。通过本书的学习，使读者能够建立起对作业标准成本的整体认识，熟悉作业标准成本构建的总体思路和具体方法，领会作业化标准成本四大应用场景精髓。

图书在版编目（CIP）数据

电网企业作业标准成本应用 / 国网浙江省电力有限公司组编 . — 北京：中国电力出版社，2023.11
ISBN 978-7-5198-7926-6

Ⅰ . ①电…　Ⅱ . ①国…　Ⅲ . ①电力工业—工业企业—作业标准—成本管理—中国　Ⅳ . ① F426.61

中国国家版本馆 CIP 数据核字（2023）第 112899 号

出版发行：中国电力出版社
地　　　址：北京市东城区北京站西街 19 号（邮政编码 100005）
网　　　址：http：//www.cepp.sgcc.com.cn
责任编辑：刘丽平　王蔓莉
责任校对：黄　蓓　马　宁
装帧设计：王红柳
责任印制：石　雷

印　　　刷：三河市航远印刷有限公司
版　　　次：2023 年 11 月第一版
印　　　次：2023 年 11 月北京第一次印刷
开　　　本：787 毫米 ×1092 毫米　16 开本
印　　　张：8
字　　　数：160 千字
定　　　价：40.00 元

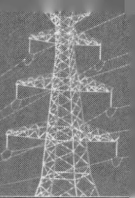

　　自 2020 年以来，世纪疫情持续冲击，百年变局加速演进，外部环境更趋复杂严峻和不确定，给我国经济发展带来了"需求收缩、供给冲击、预期转弱"三重压力，国内经济增长下行压力增大，电网企业经营正面临前所未有的严峻复杂形势，经营效益处于发展的拐点，经营压力空前。同时，国家电网公司建设"具有中国特色国际领先的能源互联网企业"的战略正处在突破期，对优化营商环境、提高服务水平、提升配电网供电安全可靠性方面都提出了更高的要求，需要持续大量的资金投入。在经济增长下行与公司优质服务要求提升的内外部环境下，国家电网公司成本精益管理势在必行。2009 年以来，国家电网公司先后建立了电网检修运维成本、其他运营费用等定额标准，为科学编制预算、加强成本精益管控奠定了重要基础。国家电网公司成本精益管理围绕投资、生产、运营等各业务环节，强调精准投资，从严、从紧、精益管理成本，提高效率效果，力求通过集约化内涵式发展努力对冲各种减利影响。

　　标准成本的制定与执行是国家电网公司精益管控成本的重要组成部分。2019 年开始，国家电网企业在国家电网公司标准成本基础上，通过细化作业颗粒度、滚动修编量价数据、设置成本动因、考虑调整系数等方式进行了本地化的标准成本体系构建，同时，积极探索标准成本在各项业务计划制订、过程管控、考核评价等环节的深化应用，最大限度地发挥作业化标准成本在公司成本精益管理、提高公司管理效率效果方面的促进作用。

　　本书明确了标准成本定义及适用范围，区分电网检修运维（包括生产检修运维和营销检修运维）标准成本和其他运营费用标准成本，梳理了作业化标准成本体系构建的总体思路和具体方法，并对作业化标准成本在预算分配、可研评审、效能评价、资产维护方案优选四个场景的应用进行了详细描述，助力标准成本后续培训、推广及进一步完善，促进公司管理效益提升。

　　本书所提及的标准成本应用均以国家电网公司为案例，其作业化标准成本包括电网检修运维（包括生产检修运维和营销检修运维）标准成本及其他运营费用标准成本；本书所称"电网检修运维成本"是指电网输配电资产大修、抢修、日常检修和运行所产生的材料费和修理费，涵盖主网检修运维、配电网检修运维、营销检修运维的成本；本书所称"其他运营费用"是指电网输配电环节为电网企业运营、管理所发生的除购电费、输电费、折旧费、工资和电网检修运维成本以外的其他各类费用。

编者
2023 年 6 月

Contens 目录

第一章

标准成本基本理论与结构

本章节通过对标准成本基本理论的阐述，对标准成本法和作业成本法的比较分析，并将两者有机融合形成标准作业成本法，再对其概念、体系、适用范围进行深入分析，其结果表明改良后的标准作业成本法不仅可以计算成本，也能更好地控制成本。同时，结合电网企业的基本特点，将电网企业成本划分为电网建设成本、电网检修运维成本、其他运营费用三大板块，其中除电网建设成本和电网检修运维成本两大核心业务板块成本之外的所有成本均纳入其他运营费用中进行核定，并对三大板块成本层次结构进行划分。

第一节　标准成本的相关基本理论

一、标准成本法

（一）标准成本法的概念

标准成本最早出现在 20 世纪初的美国，它的出现改变了成本核算的顺序，将其由事后转变到了事前。标准成本法通过生产性的调查分析以及技术测量来制定标准成本，并作为衡量实际成本支出情况的一种"目标生产成本"。在标准成本的认定方法中，大体上排除了所有非正常情况下发生的资源耗用，故发展成为一种"应该成本"。标准成本在实际应用中也可以作为产品入库和出库时的一种计价方式，体现出产品实际成本差异，同时用于衡量制造环节的生产效率，将计划、核算、控制和分析有机地融合在一起。标准成本法是集成本核算与成本控制于一体的管理方法。

（二）标准成本法的内容

1. 标准成本的制定

标准成本分类很多，企业一般采用正常标准成本，这类成本是指在工作效率、生产能力和经营条件都得到保障下所能达到的成本。但实现起来并不容易，实际工作中每个环节都会存在一定的损耗和浪费，所以企业只有通过不断优化生产水平才能达到这类标准。

根据制定标准成本的要求，各部门的专业人员都应参与到核定数量标准和价格标准的工作中去。由财务部门统一协调工作，其他部门负责本部门的费用制定，并提出相应的工作计划和业务流程，保证制定环节的连贯性与科学性。企业需要重点关注成本数据的来源，确保数据的可靠性和时效性，以及数据与成本项目的匹配性。同时，参与制定标准成本的员工必须十分熟悉企业的业务流程，才能准确定位成本的驱动因素，提高成该标准制定的科学性。

价格标准一般由财务人员和采购人员共同商议决定，在制定过程中要考虑物价变动趋势及供求市场，同时也可以考虑经济批量订购，最大程度上降低价格标准。人工标准则由人力资源部和生产部门工作人员共同商议决定，在编制过程中可以参考劳务市场价格标准，其标准要符合企业生产实质。

2. 标准成本差异

除了为企业提供成本数据上的有效参考，事后差异分析是标准成本法较之其他成本管理方法的重要亮点之一。通过测算两类成本之间的差异，判断引发差异的驱动因素是价格还是数量，并依据差异分析认定责任归属。

企业应及时发现引发不利差异的原因，并提出进一步的改进措施，以便尽快消除不利影响；对于有利的差异则应该事后总结经验以巩固优势。然而无论成本差异表现为有利或是不利，在没有进行深入分析研究前，只能作为引发企业关注的一个信号。

3. 标准成本法实施流程

标准成本法是将成本计划、执行、检查和改进综合的一种管理方法，相比于传统成本核算方法，其突出特点是对成本的控制效果较为显著。标准成本法实施流程如图 1-1 所示。

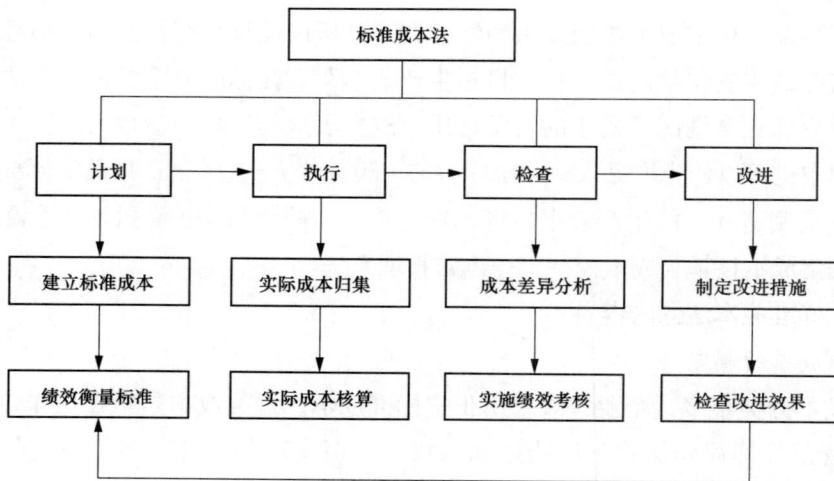

图 1-1　标准成本法实施流程图

（三）标准成本的作用

（1）形成科学管理意识。在标准成本实施过程中，企业预先分解标准成本指标，层层下放，使得每一个员工都清楚了解到自己所需要达到的成本目标。通过这样的方式，使控制成本成为每个人的工作目标，实现公司上下全员管理。

（2）有利于加强成本控制，形成生产环节全方位成本管控。通过对产品投产前的成本控制，限定每种类型作业需要消耗的资源和各种费用开支，可以得出相应的成本标准，达到事前控制的目的。在产品生产环节重点监督制造流程，严格管控人工加工工时，杜绝产品用料上的浪费；最后通过退出阶段的产品成本分析，总结经验，找出差异，提出进一步改进的措施。

（3）有利于价格决策。标准成本反馈出来的成本信息都是基于科学分析下制定的，一旦确定则不轻易改变，不受市场上短期价格变化影响，因此将标准成本作为企业的定价基础可以更好地适应市场竞争。

（4）有利于正确评价成本控制的水平。以标准成本核算的企业，可以将该成本作为衡量绩效的指标。鉴于标准成本通常是指在正常生产条件下理应达到的成本水平，因此，通过将当前时期实际成本与准确成本的比较，就能正确评估企业的工作质量。

（四）标准成本法的评价

1. 标准成本法的优势

（1）控制成本支出，提高企业节支意识。在企业成本控制中，标准成本是作为分析控制执行情况和效果的主要参考权重，以此为基础将成本控制指标具体化。

（2）差异化分析有利于绩效考核的开展。将成本目标细化到员工的绩效考核，可以提高考核的科学性和管理的效率。企业在月末制定成本差异分析表时，分别测算出成本差异率，按从小到大排序，企业的关注度由上至下递减。

2. 标准成本法的劣势

（1）无法发挥成本管控的作用。标准成本的存在为企业成本管理提供了一个较为规范的成本数据，导致企业简单用成本来规范成本，其管理实质未涉及成本发生的前因后果，没有对成本性态进行分析，未将不可控成本剔除，成本管控难以积极开展，员工缺乏工作积极性。

（2）成本标准的制定缺乏科学性。这一问题主要是由于企业获取制定成本标准的数据来源和数据分类不够科学。在标准成本制定过程中，若不对企业的作业流程进行细分，标准成本则会出现"一刀切"的状态；若只对生产结果制定标准，而忽视生产流程环节的作业标准，则会使得生产环节责任不明，员工之间相互推脱。

（3）导致企业短期化的行为。标准指标的制定导致各部门产生竞争意识，协同合作难以实现。由于采用单一标准形式，部门员工的考核机制是由短期成本决定的。一味地强调降低成本，忽视成本效益的原则考量，很容易诱使某些部门存在损害其他部门利益，甚至是公司利益的情况。例如，为了追求成本有益差异，采购部门可能会采取不合法的措施来减少材料消耗，或者批量生产导致仓库库存积压，企业商品出现滞销，资金周转困难；生产部门为了达成指标考核可能因此毫不犹豫地加班，通过降低机器的维护和修理成本减少成本支出，频繁地使用和缺乏日常维护的设备可能为生产事故的发生埋下隐患，造成更大的经济损失。

二、作业成本法

（一）作业成本法的概念

作业成本法（activity-based costing，ABC）是一种成本核算方法，它与传统成本核算方法有较大不同，作业成本法是一种在企业资源和产品之间加入核算单位的作业方法。企业生产经营活动将消耗作业，而作业也会消耗一定的资源，其所消耗的资源即构成成本。在作业成本法下，一系列相互关联的作业组成企业的生产经营活动，一个产品所耗费的作业种类、每种作业的数量及其单位成本在很大程度上决定了产品成本是否是真正意义上的完全成本。作业成本法所涉及的概念有资源、作业、成本库、作业中心、动因等。作业成本法基本概念关系图见图1-2所示。

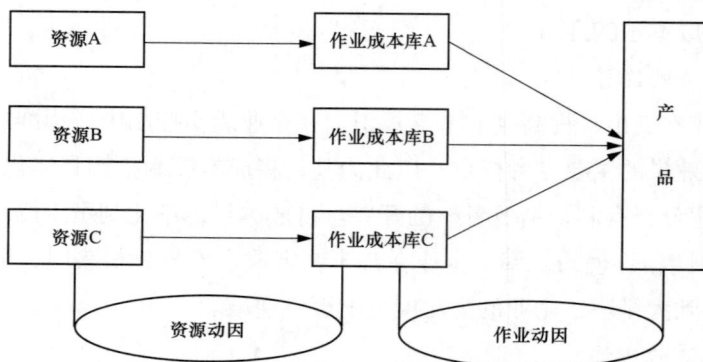

图1-2 作业成本法基本概念关系图

1. 资源

资源是企业产品成本的最初形态，是作业成本法的核算对象。资源的定义涉及企业生产的产品所消耗的一切人力资源、货币资源、物料资源、动力资源等。根据成本的合理性和有效性，作业成本法可以将一个企业的资源分为两类，即有效资源和无效资源。有效资源是对企业最终产品有益的资源，其辨认要从认定作业着手，通过计算出作业真正消耗的成本来决定；无效资源是指不合理的或不应该被消耗的资源。

2. 作业

作业是企业运用作业成本法进行第一步成本分配的对象。作业成本法中的作业是指企业在生产经营过程中从头至尾的加工工序及经营环节。据此可知，企业的生产经营人员是作业的主体，包括参与设计、管理及一线生产操作工。第一方面，虽然现代化、智能化的机器生产解放了大量劳动力，但不管什么样的机器都是由人来操作的，机器还不能成为作业的主体，不能代替工作人员本身；第二方面，作业必须涵盖企业的整个经营过程，其包括企业内部的各个生产经营部门，从而构成产品的价值链和作业链，同时还包括外部客户、供应商，以及相关利益群体；第三方面，根据企业生产经营的分工目的，可以大致区分不同性质的作业，同时也可以根据流程的需要进行详细的作业划分；第四方面，作业总是消耗一定程度的人力、财力、物力等资源，因此作业可归集资源的消耗；第五方面，作业可以区分为两种，即增值作业和非增值作业。

3. 成本库与成本库分配率

同类作业成本的归集构成成本库。通常来讲，根据所认定的作业归集资源，资源分配产品成本的路径产生成本库，但在实际操作中成本库的形成往往比较复杂，需要花费成本和很大的人力，在一定程度上会与成本 – 效益原则相悖离。因此对于成本库，企业可以把性质相似的作业放到一块，归集所耗费的资源，成立一个作业池。在将成本库中的成本最终分配给产品时，需要一个分配指数——成本库分配率（指成本库归集的可追溯成本除以成本动因耗用总数）作为分配成本的依据。

4. 作业中心

在作业成本法中，作业中心是为了进行作业管理、考核而设置的，而不是为了作业成本核算。企业的作业中心有很多种，例如企业设置的采购部、设计部、销售部、生产部等就是一个个的作业中心。而采购部、设计部、销售部、生产部等每一个部门具有大致相同的功能，采购部购买不同的材料，设计部进行不同产品的设计，销售部又分为面向不同区域销售的分中心，生产部有若干个生产不一样产品的部门。与简单的制造费用分配方法相比，在间接费用的分配上作业成本法具有明显的优势。因此，作业成本法更适合于生产多种产品的企业。

在作业成本计算理论中，资源、作业等上述概念之间存在着客户服务理论。从企业内部看，客户是接受价值转移的作业，而企业的客户就整个企业而言是向企业发出需求信息的用户。因此，在作业成本法下，资源的客户就是作业，作业的客户就是作业中心，作业中心的客户就是企业的最终产品。在适时制生产方式下，前一个客户要适时地为后一个客户服务，因此企业适时制生产方式与这样的联系具有很大的关系。弹性制造系统下的适时制生产方式可以很清楚地认定出作业，新的变化可以在结果和参与生产过程的成本核算中体现，作业成本法分析各个流程是否会使得作业更加有效，从而提高企业的竞争力，改善生产经营环境。

5. 动因

在作业成本法下，动因是在资源、作业、作业中心、产品中传递企业资源耗费的各种因素。不管是什么样的因素，只要企业有成本发生，都可以称为一个动因。根据作业成本法下成本分配的两个步骤，动因可划分为联系产品与作业的作业动因和联系作业与资源的资源动因。

（1）作业动因。根据作业成本法的客户服务理论，作业中心就是作业的客户，企业的最终产品就是作业中心的客户，作业的客户就是产品，因此作业的耗用量由最终产品的产出量决定。作业动因就是将作业耗费分配到产品成本的方法和方式。例如，我们为企业投产的每一种产品设立成本计算单，而此种产品所涉及的各项作业都要包含在成本计算单中，然后把作业库归集的成本分配结转到产品对应的计算单中。这种成本追溯是产品成本核算的关键。确立量化依据是确立作业动因时应该遵守的原则，其针对的是一些共同的作业耗费，量化依据需要根据作业的性质加以确立。量化指标如次数、面积、小时等就是作业动因。

（2）资源动因。资源动因是表现作业和资源之间存在关系的一个概念。资源动因表达了作业的产生以什么方式和有哪些原因来完成对资源的需求，从而才能把资源正确分配到合适的作业中。直接原则是在确立资源动因过程中应首先遵守的原则，即直接将资源耗费计入特定产品的成本，企业大部分的直接材料费适用于直接原则；专属原则是在确立资源动因过程中也应遵守的原则，专属原则可以从资源耗费发生的部门来看，从而确立作业专属消耗，比如各个部门独立发生的水电、办公费、工资等。

（二）作业成本法核算流程

企业的日常经营活动被分解成一个个具有内在联系的作业活动，每一个作业所消耗的资源种类和数量都是不一样的；与此同时，产品成本的组成是生产过程所需的所有作业环节消耗的资源的总和。因此作业成本法的成本分配主要有两个流程：一是资源分配到作业的过程，通过分析资源动因，将成本追溯或分配到作业上；二是作业到产品对象的过程，通过分析作业动因，将成本分配给对应的成本对象上。作业成本法（ABC）原理流程图如图1-3所示。

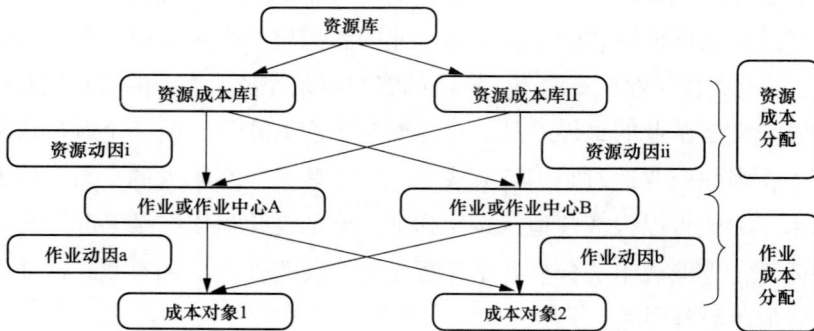

图 1-3　作业成本法（ABC）原理流程图

作业成本法的计算具体可以分为四步，具体如图1-4所示。

（三）作业成本法的适用条件

作为20世纪最重要的一项会计理论创新，作业成本法是迄今为止最准确的一种成本核算方法。成本-效益原则是任何一项成本核算方法在实际运用时都需要考虑的一个原则，企业在决定是否运用成本作业法时需要权衡该种成本核算方法在实际实施过程中所耗费的人力、财力等成本，同时也需要衡量所用改成本核算方法将会给企业带来的收益。

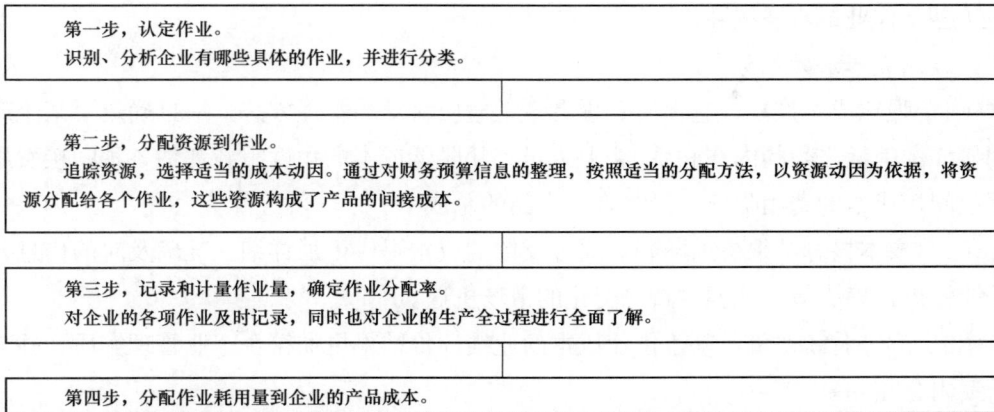

第一步，认定作业。
识别、分析企业有哪些具体的作业，并进行分类。

第二步，分配资源到作业。
追踪资源，选择适当的成本动因。通过对财务预算信息的整理，按照适当的分配方法，以资源动因为依据，将资源分配给各个作业，这些资源构成了产品的间接成本。

第三步，记录和计量作业量，确定作业分配率。
对企业的各项作业及时记录，同时也对企业的生产全过程进行全面了解。

第四步，分配作业耗用量到企业的产品成本。

图 1-4　作业成本法的计算具体步骤

尽管作业成本法是一种较为准确的成本核算方法，但并不一定适用于所有类型的企业。

作业成本法的实施与企业规模和经营过程具有很大的关系，经营过程越复杂、企业规模越大，其企业实施作业成本法的投入随着企业规模的扩大和经营过程的复杂而相应增加；企业产品差异越大、间接费用所占比重越大，运用传统成本法造成的成本信息扭曲就越严重，其原因在于传统作业成本法是按照单一数量标准分配间接费用。因此，管理层若按照传统作业成本法进行管理决策很有可能给企业造成很大的经济损失。而这种信息扭曲状况可以通过应用作业成本法加以改变，其会给企业带来很大的效益。企业在进行价格决策时所需要的成本信息往往要求就越高。对企业来说，用核算准确的作业成本法所带来的效益往往与成本核算信息的准确性成正相关。

作业成本法相比较于传统成本计算方法可以提高成本分配的合理性和准确性，有利于成本控制。然而，由于高昂的开发和维护成本，难以确定成本动因，并且不满足外部财务报告的编制要求，因此企业在选择作业成本法时应考虑企业的以下几个条件。

（1）成本结构方面。企业的制造费用在产品成本中占较大比重，通常是由多种产品进行分摊，其比重越大，采用作业成本法核算的意义就越大。

（2）产品品种方面。企业的产品多样性程度越高，与作业成本的适用性就越高。其多样性体现在产量多样性、规模多样性、生产制造工艺多样性等。产品的多样性会导致辅助材料与产品产量之间的关系并非简单的线性关系，采用传统的成本核算方式会导致成本信息失真，降低成本管理的精确性。

（3）外部环境方面。传统成本计算方法无法满足公司核算方面的需求，提高公司市场占有率。尤其当企业处于竞争性强的行业，其盈利能力完全取决于成本管理的有效性，对于成本反馈的信息要求极高。

（4）公司规模方面。公司规模较大，具备较为完善的信息沟通渠道和完善的信息管理基础设施来开展作业成本法。

（四）作业成本法的评价

1. 作业成本法的优势

（1）强化成本控制。它促使管理者主动适应科学的管理方法。一旦确定了某个产品与间接成本消耗之间的内在联系，企业人员将从降低成本的角度重新评估各种间接费用，以促使间接成本的费用降低，最终降低产品的总成本。

（2）成本核算结果更加准确。通过反馈的成本提供更加详细、准确及时的信息，方便企业做出正确决策，把握住瞬息变化的市场机遇。

（3）改进业绩评价。基于作业成本的业绩评价结果更加符合企业管理实质，并与生产活动内容相联系。

2. 作业成本法的劣势

（1）受人员主观影响较大。作业成本法的运用关键在于资源的分解，使用者对于作业中心的划定就至关重要，受使用者水平和对作业流程的熟悉程度，每个人的分类标准都不相同，每个企业的处理方式也是大相径庭。作业中心、成本库的划定直接影响到成本核算的准确度，并且也没有相应的标准用于参考，难以判定成本核算分类是否准确，应用难度较高。

（2）核算方法复杂。目前作业成本没有较为简化的核算过程，对比传统成本计算模式，设计过程繁杂，增加了不少工作量。而成本管理方法的选择最后还是要回归到经营效益上，企业要衡量为此投入的人力、物力资源体系是否能在将来得到回报。

（3）作业成本计算方法提供的成本信息是反映过去的经营活动的实质，从时间价值的角度来看，信息参考价值不大。

三、作业标准成本

单一的成本管理方法为大型电力公司精细化管理提供理论上的支撑，企业转型难也暴露出管理方法存在的许多问题与不足。因此，作业标准成本控制体系是在保留标准成本原有理论基础下，结合作业动因分析及进行科学合理的量化，将成本控制目标分解到各个责任中心，形成一个由上级向下级分解、由下级向上级反馈的成本控制网络体系，以追求成本合理化。

（一）作业标准成本的概念

以作业为成本分类标准，以标准成本为控制的单项资产成本。标准成本的目标对象是产品，作业成本的目标对象是作业，因此作业标准成本法下目标对象虽然仍是产品，但产品成本的分类方法由品种法变为基于作业的分配方式。

（二）作业标准成本的内容

1. 作业成本库的划分

这一步是建立在企业的生产经营实质上，选择可辨认强的目标特征，并且目标特征之间互不影响。不同类型的企业、不同产品的生产，其生产活动的环境不同及选择的成本基础也各不同。例如，一些公司可以把生产活动划分为材料运输购买、生产车间调度、生产准备工作、自动化机器生产、产品精加工、包装及运输等。一些公司可以将生产活动划分为采购、设计、计划、组织、订购、制造、仓储与交付以及售后服务等。

2. 作业库成本的归集

依据每个作业库的生产要素，收集其发生成本的总额。这里需要解释的是，企业核算的成本不是实际发生成本，而是标准成本。

3. 产品成本的归集

按照作业库生产内容确定核心驱动因素，即成本动因，按照成本动因占比将作业库的成本归集到产品。例如，用搬运材料的质量或数量来分配搬运成本；用机器运作时长来分配机器损耗费用；用生产产品数量或生产加工时长来分配产品的制造费用。用作业库归集的成本除以成本动因的交易量，得到单位的分配率。最后依据各批次产品耗用的成本动因交易量和分配率计算出该产品应该负担的成本。

（三）作业成本与标准成本结合的优势分析

作业成本法能够得到更加细腻准确的成本数据，但是在控制成本这一方面有所欠缺。标准成本法选取的数量和价格不合理，容易造成企业的成本执行不合理。标准成本法更关注成本的结果，而作业成本法更关注成本的形成过程。不难发现作业成本与标准成本既存在共同性，又存在互补性。共同点是二者都能够改善企业管理现状，强化企业控制。互补性是主要来自企业战略和成本管理两个方面。在战略方面，相互补充，兼顾短期战略和长期战略；在成本管理方面，拓宽企业成本管控范围。总之，标准成本法核算确定了"产品"，而作业成本核算追溯了"产品"形成的制造过程，既关注形成原因，又关注成本形成结果。

作业标准成本计算方法保障了企业成本资料的科学性，尤其反映出一些工艺复杂、生产环节多交叉的产品成本差异，从而减少了在此基础之上产生的成本决策失误。

第二节　电网企业标准成本结构分析

一、电网企业的基本特点及成本分类

（一）电网企业的基本特点

电网企业是具有社会公益性并兼具自然垄断性的企业，一方面作为一个经营性企业，毫无疑问必须追求其自身价值的最大化，实现业绩优秀的经营目标；另一方面由其社会公益性及自然垄断性所决定，向社会提供质优价廉的电能是电网企业的重要使命。上述两个方面都决定了电网企业必须不断加强成本管理。

电网企业的核心业务包括以下几个方面：

（1）电网建设。通过科学合理的电网发展规划和投资计划安排，有序推进各级电网建设，形成各电压等级协调可靠的输配电网。

（2）电网运维。对建成投产的电网进行日常运行维护，包括电网设备的调度、监控、巡视、检修、技改等。

（3）购售电。从发电企业购得上网电量，通过电网的输送安全供应到各类电力用户，并为用户提供用电相关的优质服务。

（二）电网企业的成本分类

从电网的核心业务来看，电网企业的成本主要包括以下三大类：

（1）电网建设成本。主要是各级电网建设的投资成本（含融资成本），包括设备材料费、工程设计费、工程监理费、施工人工费、机械台班费、建设管理费及贷款利息等。

（2）电网检修运维成本。主要是指电网日常运行维护及检修的成本，包括电网检修运维的材料费、人工费、机械台班费、管理费等。

（3）其他运营费用。主要是指除以上电网建设成本、运维检修成本之外，确保电网企业有效运营的各类成本，包括购电成本、营销成本、工资福利等。

（三）电网企业成本特点

（1）外部政策环境对成本影响较大。电网企业属国有企业，且电网属垄断业务，国家的政策法规对于电网企业的经营、管理、投资等方面具有重要的影响，进而影响到公司的各项成本。例如购电成本就属于不可控成本，由于电价由政府核定，电网企业对其进行调控的余地很小。

（2）电网建设成本巨大。电网是资金密集型产业，投资成本巨大。为满足经济社会发展的用电需求，电网建设规模大。同时，为了提高电网抵御严重自然灾害能力，电网建设标准须相应提高，使得电网建设投资规模进一步加大。

（3）电网运维检修成本管理难度大。输变电资产分布点多面广，几乎覆盖着公司经营区域的整个国土面积，其中既有城市山区之别，也有平原湖泊之分，维修量大且分散，维护成本管理难度较大。

（4）其他运营费用高。电网企业客户资源分散、数量众多，营业抄表成本大。受客户资源分散、数量众多以及营业抄表手段落后等因素制约，电网企业营销人员占企业作业人员比例大，管理成本高。

二、电网企业标准成本的层次结构划分

依据以上对电网企业基本特点、核心业务、成本分类及特点，以及标准成本基本计算公式及测定方法，对电网企业的电网建设、电网检修运维、管理运营三大类标准成本层次结构划分如下。

（一）电网建设标准成本的层次结构划分

电网建设标准成本包括基本模块（子模块）标准成本、典型方案标准成本、单位规模标准成本三个层次。

（1）基本模块（子模块）标准成本。基于变电站和线路建设的基本模块（子模块）划分确定的基本模块设备材料费、工程设计费、工程监理费、施工人工及机械台班费、建设管理费、贷款利息等建设成本，是企业内部定额控制标准。

（2）典型方案标准成本。基于变电站、线路各类典型建设方案的基本模块（子模块）组成的关系，对各类典型方案下各基本模块标准成本进行累加，形成各类典型方案的标准成本，是典型变电站、线路工程造价控制的重要标准。

（3）单位规模标准成本。在基本模块（子模块）和典型方案标准成本基础上，根据典型方案属性测算的变电站单位容量和线路单位长度的建设成本，是企业及下属单位电网建设成本预算及控制的重要标准。

（二）电网检修运维标准成本的层次结构划分

电网检修运维标准成本包括作业标准成本、项目标准成本和单位资产标准成本三个层次。

1. 作业标准成本

电网生产检修单个作业活动所消耗的材料、人工和机械台班费用定额，是电网检修运维成本的底层标准，是衡量一线检修运维作业成本水平的重要标准依据。其主要用于一线生产运行单位加强生产作业管理，衡量作业消耗，优化作业设计，为改进生产作业管理、控制作业成本水平提供标准依据。

2. 项目标准成本

一个检修运维项目所有作业标准成本之和，是深化细化基层单位电网检修运维成本预算与核算的重要标准。其主要用于基层单位业务部门编制检修项目概预算，分析项目实施成本，监控业务预算执行情况。

3. 单位资产标准成本

在作业标准成本和项目标准成本定额的基础上，按照资产类别和属性所制定的单位变电容量、单位线路长度、单座变电站等单位输配电资产的年均成本消耗标准，主要用于企业及下属单位测算成本需求，分解成本预算，监控财务预算执行，为统筹配置资源、加强成本分析、考核与评价等提供依据。

（三）其他运营费用标准成本的层次结构划分

其他运营费用可根据成本动因划分为以下三类：

1. 人员动因标准成本及其层次结构划分

人员动因成本是指与企业人数直接相关的费用，包括办公费、差旅费、会议费、水费、电费、车辆使用费、低值易耗品摊销、社会保险费、职工福利费、工资附加、劳动保护费、外部劳务费、取暖费、出国人员经费、国际业务支出、团体会费、党团活动经费等。

人员动因标准成本按人均核定,故人员动因标准成本只包括人均标准成本一个层次,是企业及下属单位人员动因成本预算及控制的重要标准。

2. 资产动因标准成本及其层次结构划分

资产动因成本是指与企业资产多少直接相关的费用,包括电力设施保护费、财产保险费、租赁费、设备检测费、环评费、中介费、物业管理及房屋零星维修费、绿化费、信息系统运维费等。

资产动因标准成本按资产规模核定,故只包括单位资产标准成本一个层次,是企业及下属单位资产动因成本预算及控制的重要标准。

3. 营业规模动因标准成本及其层次结构划分

营业规模动因成本是指与企业营业规模直接相关的费用,包括购电费、业务费、业务招待费、广告宣传费、研究开发费、安全费、清洁卫生费、税金、地方政府收费、长期待摊费用及无形资产摊销、农维费等。其中购电费、税金、地方政府收费、长期待摊费用及无形资产摊销、农维费属于政策动因成本范围,属于企业不可控成本,故可不纳入企业标准成本管控范畴,而是依据国家或地方有关法律法规上缴。

营业规模动因标准成本按售电量规模核定,故只包括单位售电量标准成本一个层次,是企业及下属单位营业规模动因成本预算及控制的重要标准。

第二章
生产检修运维标准成本体系构建

　　本章节主要介绍了生产检修运维标准成本体系构建方法以及具体构建的路径。生产检修运维主要包括主网检修运维和配电网检修运维。其中主网检修运维包括变电检修（35kV及以上变电站）、输电线路检修（35kV及以上架空和电缆输电线路）、通信检修（变电站内通信设备和电力通信线路）、变电运行；而配电网检修运维是指10kV及以下配电线路和设备的检修运维；营销检修运维则包括电能表轮换、用电计量及用电信息采集系统运维。

第一节　生产检修运维标准成本体系构建方法

　　首先，遵循"产出消耗作业、作业消耗资源"的原则，按照资源动因将资源费用追溯或分配至各项作业，计算出作业标准成本；其次按照"作业→项目→设备→资产"自下而上逐层汇总，将电网企业各类作业成本标准归集至各典型成本对象（资产），进而计算得出公司基于作业的标准成本。具体作业化改造的主要方法为"五步法"——"选、测、汇、比、引"。"五步法"法如其名，就是通过五个步骤对目标进行作业化改造，这里的目标特指电网企业。这五个步骤分别是"选"典型、"测"作业、"汇"标准、"比"差异、"引"参数，具体步骤如下：

一、"选"典型

　　首先是从电网典型资产入手，通过"典型资产→典型设备→典型项目→典型作业"这样逐层穿透的链路，测算出具有广泛代表性和普适性的支出水平，从而达到以点带面、事半功倍的效果。

　　1. 典型资产

　　典型资产依据业务规程和管理要求进行划分，选取的实际业务场景中使用最广泛、最具代表性的电网资产。以输变电资产检修运维为例，其根据资产性质、电压等级、变电站形式等属性，可细分为31类典型资产，110kV GIS变电站就是其中的一类。输变电资产检修运维如表2-1所示。

　　2. 典型设备

　　典型设备是结合主流应用情况，在典型资产中明确所含的设备种类、型号及数量。以110kV GIS变电站为例，它共选取变压器、组合电器、保护装置等14类典型设备，其中鉴于××公司90%的110kV GIS变电站配置2台主变压器，故选取2台主变压器（2×50MVA）作为变压器典型设备。110kV GIS变电站如表2-2所示。

表 2-1 输变电资产检修运维

资产性质			电压等级					
			1000kV	±800kV	500kV	220kV	110kV	35kV 及以下
变电站	交流	GIS	√		√	√	√	
		非 GIS			√	√	√	√
	直流			√				
线路	架空		√	√	√	√		
	电缆					√	√	√

注：GIS 即气体绝缘金属封闭开关设备。

表 2-2 110kV GIS 变电站

典型资产	典型设备	
	类型	方案配置
110kV GIS 变电站	主变压器	室内 2×50MVA 变压器
	110kV 部分	室内 GIS 设备（7 个间隔），单母线分段接线方式
	10kV 部分	室内开关柜（19 个间隔），单母线分段接线方式，10kV 站用变压器 2 台（容量 8.4Mvar），电容器组 2 组
	其他	其他一次、二次设备及通信设备 1 组

3. 典型项目

典型项目是结合国家和公司专业管理要求，在典型设备明确所含的业务工作集合，例如：110kV GIS 主变压器一般来说主要包括 3 个典型检修项目，即综合检修、分项检修、电气试验。

4. 典型作业

典型作业指的是在项目基础上进一步细分的具体作业内容，例如：变压器分项检修可再细分为变压器干燥、变压器加放油、绕组检修、铁芯检修、吊罩检修等 30 项明细作业。

二、"测"作业

针对选取的典型作业，先根据生产工艺、技术规程、市场价格等因素，再逐一测算其人工、材料、机械台班的耗费，最后形成单项作业成本定额。各类参数定额依据如表 2-3 所示。

表 2-3　各类参数定额依据

明细	确定依据
人工价格	按照上一年全国社会平均工资水平确定
材料价格	主要参考所在地区近两年采购中标平均价确定
机械价格	
人工数量	参考最新的行业或所在地区的定额标准，结合实际工作情况综合核定
材料数量	
机械数量	
作业频次	参考行业相关技术管理规程

例如：某公司 110kV 变电站变压器的常规综合检修作业，主要包括油箱常规检修、接地系统检修、散热片检修、清洗等检修内容。单次作业耗费 $\sum_{i=1}^{n}(P_iM_i+p_im_i+Q_iH_i)$ 元（含人工费 $\sum_{i=1}^{n}P_iM_i$ 元、材料费 $\sum_{i=1}^{n}p_im_i$ 元、机械台班费 $\sum_{i=1}^{n}Q_iH_i$ 元）。考虑作业频次（6 年 1 次，折合 0.17 次 / 年），通过单次作业耗费 $\sum_{i=1}^{n}(P_iM_i+p_im_i+Q_iH_i)$ 除以作业频次 6 可得出年化定额 $\sum_{i=1}^{n}(P_iM_i+p_im_i+Q_iH_i)/6$ 元。该公司 110kV 变压器常规综合检修作业耗费情况见表 2-4 所示。

表 2-4　110kV 变压器常规综合检修作业耗费情况

单项作业成本明细		内容
作业编码		××-12-001
作业名称		变压器常规综合检修
电压等级		110kV
容量		50000kVA
基价（元）		$\sum_{i=1}^{n}(P_iM_i+p_im_i+Q_iH_i)$
其中	人工费（元）	$\sum_{i=1}^{n}P_iM_i$
	材料费（元）	$\sum_{i=1}^{n}p_im_i$
	机械费（元）	$\sum_{i=1}^{n}Q_iH_i$
	其他费用（元）	

续表

单项作业成本明细			内容	
名称	单位标准	单价（元）	数量	金额（元）
人工	工日	M_1	P_1	$P_1 M_1$
材料 标号头	100 个	m_1	p_1	$p_1 m_1$
材料 尼龙扎带	100 个	m_2	p_2	$p_2 m_2$
材料 变压器油（25 号）	kg	m_3	p_3	$p_3 m_3$
材料 电焊条（综合）	kg	m_4	p_4	$p_4 m_4$
材料 …				
机械 电子摇表	台班	H_1	Q_1	$H_1 Q_1$
机械 高空作业车（20m 以内）	台班	H_2	Q_2	$H_2 Q_2$
机械 高空作业车（30m 以内）	台班	H_3	Q_3	$H_3 Q_3$
机械 交流电焊机（21kVA 以内）	台班	H_4	Q_4	$H_4 Q_4$
机械 …				

注：人、材、机的消耗数量和作业频次以国家能源局《电网检修工程定额及费用计算规定》（2015 年版）》为基础，结合某公司生产业务实际确定。

三、"汇"标准

基于单项作业定额，并按照上述"四个典型"的链路，反向汇总计算单位资产的成本标准❶。例如：某公司 110kV GIS 变电站检修成本标准为 39 万元 / （站·年）。

四、"比"差异

某公司调整系数是以国网调整系数为基础，结合该地实际情况进行优化完善的，同时它是分别从动因和单位两方面设置调整系数。通过对比分析典型与非典型资产以及地域、地形等客观差异，进而设置折算系数，对该标准进行优化平衡，以增强标准成本的通用性和适用性。

动因方面调整系数，主要分析典型与非典型之比。以变电站检修运维为例，选取 2 台主变压器为典型，将其系数设为 1，主变压器为 3 台的变电站的成本标准乘以折算系数 1.3，继而得到相应的成本标准。变电站检修运维如表 2–5 所示。

❶ 在计算单位资产的成本标准时，不考虑作业定额中的正式人员人工成本，其已纳入职工薪酬；机械台班按自有资产考虑，也不再重复列支。

表 2-5　变电站检修运维

标准成本名称	动因调整系数（按主变压器台数）				
	0	1	2	3	4
1000kV-GIS 站	0.7	0.9	1	1.3	1.4
800kV 换流站	0.7	0.9	1	1.3	1.4
500kV-GIS 站	0.7	0.9	1	1.3	1.4
500kV-非 GIS 站	0.7	0.9	1	1.3	1.4
220kV-GIS 站	0.4	0.6	1	1.3	1.4
220kV-非 GIS 站	0.4	0.6	1	1.3	1.4
110kV-GIS 站	0.4	0.6	1	1.3	1.4
110kV-非 GIS 站	0.4	0.6	1	1.3	1.4
35kV-室内站	0.3	0.5	1	1.2	1.3
35kV-户外站	0.3	0.5	1	1.2	1.3

　　单位方面调整系数，需因地制宜确保合理分配。该方面主要针对主网检修、其他运营、信息化优化改造设置相关调整系数，其中主网检修按照设备成新率和各单位资产规模分别设置调整系数，而其他运营按照电网规模类（资产、营收）、地域特征（出差里程、地形）和地区经济分别设置调整系数，信息化优化改造则按照系统活跃度设置调整系数。调整系数如表 2-6 所示。

表 2-6　调整系数

所属地区	输变电资产原值（元）	输变电资产净值（元）	成新率	比值	设备成新率调整系数
A 区	M_1	m_1	$\dfrac{m_1}{M_1}$	1.00	$\dfrac{1}{\left\{\dfrac{\frac{m_1}{M_1}}{\left(\dfrac{\sum_{i=1}^{n} M_i}{n}\right)}\right\}}$
B 区	M_2	m_2	$\dfrac{m_2}{M_2}$	0.97	$\dfrac{1}{\left\{\dfrac{\frac{m_2}{M_2}}{\left(\dfrac{\sum_{i=1}^{n} M_i}{n}\right)}\right\}}$

所属地区	输变电资产原值（元）	输变电资产净值（元）	成新率	比值	设备成新率调整系数
C 区	M_3	m_3	$\dfrac{m_3}{M_3}$	0.89	$\dfrac{1}{\left\{\dfrac{\dfrac{m_3}{M_3}}{\left(\dfrac{\sum\limits_{i=1}^{n} M_i}{n}\right)}\right\}}$
...					
平均值	$\dfrac{\sum\limits_{i=1}^{n} M_i}{n}$	$\dfrac{\sum\limits_{i=1}^{n} m_i}{n}$	$\dfrac{\sum\limits_{i=1}^{n} \dfrac{m_i}{M_i}}{n}$	1.00	1.00

注：设备成新率调整系数用各单位成新率计算结果与该省平均水平比值取倒数计算。

五、"引"参数

在成本标准的基础上，通过引用基层易填、上级易审的业务量参数，计算形成标准成本规模，即：

$$标准成本 = 单位资产成本标准 \times 业务量$$
$$= （单位典型资产成本标准 \times 折算系数）\times 业务量$$

上述内容是以 110kV 输电线路为例，对输电线路检修标准成本测算方法进行介绍。同理 35kV、220kV、500 ~ 1000kV 输电线路检修标准成本与之类似。

第二节　生产检修运维标准成本体系构建路径

一、标准成本搭建

从业务实际出发，自上而下确定典型资产、典型设备、典型项目、典型作业，以此搭建标准成本框架体系，如图 2-1 所示。

（一）选取典型资产

典型资产选取的是在某省实际业务场景中使用最广泛、最具代表性的电网资产。以该省 110kV 架空线路为例，围绕影响标准成本的主要参数，如输电线路的长度、地形、档距等，以此选取最具代表性的实际在运行的输电线路某线作为典型资产，如表 2-7 所示。

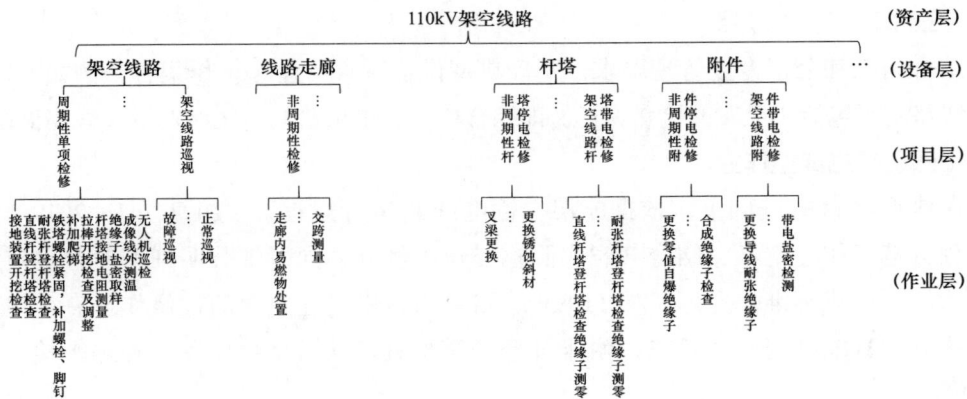

图 2-1 标准成本框架体系

表 2-7 输电线路典型资产

架空线路类型	线路名称
35kV 架空线路	×× 线
110kV 架空线路	×× 线
220kV 架空线路	×× 线
35kV 电缆线路	×× 全量电缆
110kV 电缆线路	××1065
220kV 电缆线路	×× 线

（二）梳理典型设备

根据选取的典型资产，梳理其中包含的典型设备。以 110kV 输电线路为例，梳理出典型设备如表 2-8 所示。

表 2-8 典型设备

典型资产	典型设备
110kV 输电线路	架空线路
	基础
	线路走廊
	杆塔
	导线、地线
	附件
	高塔

（三）确定典型项目

结合国家和公司专业管理要求，明确典型设备所含的业务工作集合，例如：110kV架空线路主要包括 4 个典型检修项目，即综合检修、单项检修、线路巡视、线路试验。

（四）建立典型作业

在典型项目的基础上，依据《架空输电线路运行规程》（DL/T 741—2019）等业务规程，基于作业定额，结合某省实际检修运维经验，同时细分明细作业并确定检修频次，从而形成标准作业库。如 110kV 线路单项检修，它包含的检修作业有接地装置开挖检查、直线杆登杆塔检查、耐张杆登杆塔检查、铁塔螺栓紧固、补加螺栓、脚钉等 10 项。

二、标准成本测算

在搭建完成标准成本框架后，反向汇总，以作业为起点，由同一项目下的年度作业标准成本加总计算出的项目标准成本，再由同一设备下的项目标准成本加总计算出的单位设备标准成本，最后将单位设备标准成本与对应的设备数量相乘汇总求和以确定典型资产的标准成本。

（一）作业层计算

计算公式如下：

$$单项作业标准成本 = 人工费 + 材料费 + 机械台班费年度作业标准成本$$
$$= 单项作业成本 \times 频次$$

作业层计算主要用于成本分析控制，如：某公司 110kV 输电线路接地装置开挖作业，主要包括土方开挖、接地装置检查、土方回填等作业内容。单次作业耗费 $\sum_{i=1}^{n}(P_i M_i + p_i m_i + q_i N_i)$ 元（含人工费 $\sum_{i=1}^{n} P_i M_i$ 元、材料费 $\sum_{i=1}^{n} p_i m_i$ 元、机械台班费 $\sum_{i=1}^{n} q_i N_i$ 元）。考虑作业频次（10 年 1 次，折合 0.1 次 / 年），将单项作业成本 $\sum_{i=1}^{n}(P_i M_i + p_i m_i + q_i N_i)$ 元乘以频次 0.1 次 / 年从而得出年化定额 $\sum_{i=1}^{n}(P_i M_i + p_i m_i + q_i N_i) \times 0.1$ 元。该公司 110kV 输电线路接地装置开挖作业耗费情况具体见表 2-9。

表 2-9　10kV 输电线路接地装置开挖作业耗费情况

单项作业成本明细	内容
作业编码	××-12-002
作业名称	接地装置开挖检查
作业内容描述	土方开挖，接地装置检查，土方回填，工器具转移，场地清理恢复

续表

单项作业成本明细		内容
电压等级		110kV
基价		$\sum_{i=1}^{n}(P_i M_i + p_i m_i + q_i N_i)$
其中	人工费（元）	$\sum_{i=1}^{n} P_i M_i$
	材料费（元）	$\sum_{i=1}^{n} p_i m_i$
	机械费（元）	$\sum_{i=1}^{n} q_i n_i$
	其他费用（元）	

	名称	单位标准	单价（元）	数量	金额（元）
人工	临时用工	工日	M_1	P_1	$P_1 M_1$
材料	手套	付	m_1	p_1	$p_1 m_1$
	钢丝刷	把	m_2	p_2	$p_2 m_2$
	标号笔	支	m_3	p_3	$p_3 m_3$
机械	载重汽车（5t 以内）	台班	N_1	q_1	$q_1 N_1$
	工程车	台班	N_2	q_2	$q_2 N_2$
	钳形电流表	台班	N_3	q_3	$q_3 N_3$

（二）项目层计算

计算公式如下：

$$项目标准成本 = \sum 单项作业标准成本 \times 作业数量$$

项目层计算主要用于可研评价，如：某公司 110kV 输电线路周期性单项检修项目包括接地装置开挖检查、直线杆登杆塔检查等 10 个作业，其作业数量为 1，累加单项作业标准成本得到周期性单项检修项目标准成本为 $\sum_{i=1}^{n} M_i$ 元。该公司 110kV 输电线路周期性单项检修项目作业耗费见表 2-10。

表 2-10   110kV 输电线路周期性单项检修项目作业耗费

检修项目	明细作业名称	单位标准	单项作业成本（元）
周期性单项检修	接地装置开挖检查	10m	M_1
	直线杆登杆塔检查	基（三串）	M_2
	耐张杆登杆塔检查	基（三串）	M_3
	……		
合计			$\sum_{i=1}^{n} M_i$

（三）设备层计算

计算公式如下：

$$年度典型设备标准成本 = \sum 年度作业标准成本 \times 设备数量 + 装置性材料费用$$

如某公司架空线路的年度标准成本为 $\sum_{i=1}^{n}\left\{\left(M_i + m_i + N_i\right) \times P_i\right\} + n_1$ 元，该公司年度架空线路标准成本见表 2-11。

表 2-11   年度架空线路标准成本

设备名称	单位标准	数量	明细作业名称	年度作业标准成本			装置性材料费用（元）	合计（元）
				材料费（元）	外包人工费（元）	小计（元）		
架空线路	2km	P_1	周期性综合检修	M_1	m_1	N_1	n_1	$\sum_{i=1}^{n}\left\{\left(M_i + m_i + N_i\right) \times P_i\right\} + n_1$
架空线路	基（三串）	P_2	接地装置开挖检查	M_2	m_2	N_2		
架空线路	基（三串）	P_3	直线杆登杆塔检查	M_3	M_3	N_3		
……								

注：在计算设备层的标准成本时，不考虑作业定额中的正式人员人工成本，其已纳入职工薪酬；
而机械台班按自有资产考虑，也不再重复列支。

（四）资产层计算

计算公式如下：

$$典型资产成本 = \sum 典型设备成本$$

资产层计算主要用于预算分配，将典型设备成本逐项加总后得到的就是其所属的典型资产成本。如选取的某公司典型 110kV 输电线路检修成本标准为 $\sum_{i=1}^{n} M_i$ 元，线路长度为 8km，得到典型资产标准成本为 $\left(\sum_{i=1}^{n} M_i / 8\right)$ 元 /km。该公司典型资产成本见表 2-12。

表 2-12　典型资产成本

典型资产	典型设备	典型设备成本（元）
110kV 输电线路	架空线路	M_1
	基础	M_2
	…	
合计		$\sum\limits_{i=1}^{n} M_i$

三、调整系数设置

（一）确定动因调整系数

动因调整系数的设定是以典型站、线成本测算为基础，通过收集非典型站线的设备配置情况及成本水平与典型站线进行比对，以制定统一的调整系数。

1. 收集某省各市县动因参数

因该省范围内资产种类多，资产类型、地形等与选取的典型资产存在差异，综合考虑影响检修运维成本的主要因素，以及相关参数获取的难易程度、成本定额适用性强弱、专业部门理解难易度等因素，从而确定各类资产的动因参数，用以测算该省各市县的成本规模。动因参数如表 2-13 所示。

表 2-13　动因参数

资产类别	动因参数 1	是否区分电压等级
变电检修	按主变压器台数划分的变电站数量	是
输电线路	按线路途经区域进行分类，统计线路长度	是
变电运行	变电站数量	是
通信检修	按光传输设备的数量进行分类统计站的数量	是
通信线路检修	按线路途经区域进行分类，统计线路长度	否

2. 变电检修动因调整系数

以变电站为例，假设在同一电压等级下，变电站内每条出线输送的功率基本一致，主变压器数量则决定了该站的输出容量，进而决定出线回数，因此将变压器数量作为调整因素。若典型变电站主变压器台数为 2 台，先将其调整系数设为 1，然后将主变压器台数 3 台的变电站测算成本与典型站测算成本的比值确定为主变压器台数为 3 台的变电站成本调整系数。最后用典型站的成本标准乘以调整系数，得到相应的成本标准。动因调整系数（按主变压器台数）如表 2-14 所示。

表 2-14　动因调整系数（按主变压器台数）

标准成本名称	主变压器台数				
	0 台	1 台	2 台	3 台	4 台
1000kV GIS 站	0.7	0.9	1	1.3	1.4
800kV 换流站	0.7	0.9	1	1.3	1.4
500kV GIS 站	0.7	0.9	1	1.3	1.4
500kV 非 GIS 站	0.7	0.9	1	1.3	1.4
220kV GIS 站	0.4	0.6	1	1.3	1.4
220kV 非 GIS 站	0.4	0.6	1	1.3	1.4
110kV GIS 站	0.4	0.6	1	1.3	1.4
110kV 非 GIS 站	0.4	0.6	1	1.3	1.4
35kV 室内站	0.3	0.5	1	1.2	1.3
35kV 户外站	0.3	0.5	1	1.2	1.3

3. 线路检修动因调整系数

在测算输电线路成本标准时，通过参考《国家能源局检修工程定额（2015）》将地形分为平地、山地、高山三档，以平地为典型，相应将山地、高山的调整系数设定为1.2、1.5（电网检修工程预算定额，地形增加系数），再根据各省地形情况加权算出各地区综合地形系数，用于测算线路检修成本规模。动因调整系数（按地形）如表 2-15 所示。

表 2-15　动因调整系数（按地形）

标准成本名称	地形		
	平地、河网、丘陵	山地	高山
1000kV 架空线路	1.00	1.20	1.40
800kV 架空线路	1.00	1.20	1.40
500kV 架空线路	1.00	1.20	1.40
220kV 架空线路	1.00	1.20	1.40
110kV 架空线路	1.00	1.20	1.40
35kV 架空线路	1.00	1.20	1.40
220kV 电缆线路	1.00	1.20	1.40
110kV 电缆线路	1.00	1.20	1.40
35kV 电缆线路	1.00	1.20	1.40

4. 通信检修动因调整系数

光传输设备的数量是影响通信检修成本的主要动因，如果典型中心站中光传输设备数量为 10 台，其调整系数设为 1，那么以光传输设备数量为 9 台的中心站测算成本与典型站的比值就能确定其调整系数。动因调整系数（按光传输设备的数量）如表 2-16 所示。

表 2-16　动因调整系数（按光传输设备的数量）

标准成本名称	光传输设备的数量										
	1 台	2 台	3 台	4 台	5 台	6 台	7 台	8 台	9 台	10 台	10 台以上
中心站	0.76	0.78	0.81	0.83	0.86	0.90	0.93	0.95	0.98	1.00	1.04
500kV 及以上变电站	0.70	0.80	0.90	1.00	1.10	1.23	1.33	1.43	1.53	1.63	1.76
220kV 变电站	0.51	0.75	1.00	1.25	1.50	1.89	2.14	2.39	2.64	2.89	3.27
110kV 变电站	1.00	1.76	2.52	3.28	4.03	4.89	4.89	4.89	4.89	4.89	4.89
35kV 变电站	1.00	1.71	2.42	3.13	3.85	4.69	4.69	4.69	4.69	4.69	4.69

（二）设定单位调整系数

在综合考虑影响地区间检修运维成本的差异因素的情况下，设立设备成新率和资产规模两个调整系数。

1. 设备成新率调整系数

电网检修频次与设备新旧程度相关，一般成新率越高，检修运维成本较小；反之检修运维成本较高。据此设置设备成新率调整系数。

其计算公式如下：

各单位设备成新率 = 输变电资产净值 / 输变电资产原值

设备成新率调整系数 = 1/（各单位设备成新率 / 全省成新率平均值）

如：A 地区设备成新率为 $\dfrac{m_1}{M_1}$，与全省平均水平一致，设定设备成新率调整系数为 1。C 地区设备成新率为 $\dfrac{m_3}{M_3}$，低于全省平均水平，反映 C 地区整体设备相对较旧，则用 1 来除以 C 地区设备成新率和 A 地区设备成新率的比值可得设定设备成新率调整系数为

$$\dfrac{1}{\left\{ \dfrac{\dfrac{m_3}{M_3}}{\left(\dfrac{\sum_{i=1}^{n} M_i}{n} \right)} \right\}}$$

。设备成新率调整系数如表 2-17 所示。

表 2-17 设备成新率调整系数

所属地区	输变电资产原值（元）	输变电资产净值（元）	成新率	比值	设备成新率调整系数
A 区	M_1	m_1	$\dfrac{m_1}{M_1}$	1.00	$\dfrac{1}{\left\{\dfrac{\frac{m_1}{M_1}}{\left(\dfrac{\sum_{i=1}^{n} M_i}{n}\right)}\right\}}$
B 区	M_2	m_2	$\dfrac{m_2}{M_2}$	0.97	$\dfrac{1}{\left\{\dfrac{\frac{m_2}{M_2}}{\left(\dfrac{\sum_{i=1}^{n} M_i}{n}\right)}\right\}}$
C 区	M_3	m_3	$\dfrac{m_3}{M_3}$	0.89	$\dfrac{1}{\left\{\dfrac{\frac{m_3}{M_3}}{\left(\dfrac{\sum_{i=1}^{n} M_i}{n}\right)}\right\}}$
…					
平均值	$\dfrac{\sum_{i=1}^{n} M_i}{n}$	$\dfrac{\sum_{i=1}^{n} m_i}{n}$			

2. 资产规模调整系数

由于存在规模优势，一般资产规模越大的单位协同作业效率越高，同时单位资产检修运维成本相对较低。据此设置资产规模调整系数。相关计算如下：

各单位资产规模比值 = 各单位资产总额 / 全省各单位资产总额平均值

资产规模调整系数 = 1-（各单位资产规模比值 -1）× 0.1

资产规模调整系数如表 2-18 所示。

表 2-18 资产规模调整系数

所属地区	资产总额（元）	比值	资产规模调整系数
A 区	M_1	m_1	0.88
B 区	M_2	m_2	1.04
C 区	M_3	m_3	1.01

续表

所属地区	资产总额（元）	比值	资产规模调整系数
…			
平均值	$\dfrac{\sum_{i=1}^{n} M_i}{n}$	$\dfrac{\sum_{i=1}^{n} m_i}{n}$	

3. 单位调整系数

单位调整系数计算如下：

单位调整系数 = 设备成新率调整系数 × 资产规模调整系数

单位调整系数如表 2-19 所示。

表 2-19　单位调整系数

所属地区	资产成新率调整系数	资产规模调整系数	单位调整系数
A 区	1.00	0.88	0.88
B 区	1.03	1.04	1.07
C 区	1.12	1.01	1.13
D 区	1.02	1.00	1.02
E 区	1.04	1.05	1.10
F 区	1.02	0.94	0.96
G 区	0.95	1.05	1.00
H 区	1.07	1.01	1.08
I 区	0.98	1.01	0.99
J 区	1.06	0.98	1.03
K 区	0.79	1.03	0.82

建立成本规模测算模型，先向其输入各地市动因参数，然后计算得到各地区基础的检修成本规模，再乘以各地区单位调整系数后，从而得到各地区最终的检修成本规模。

第三章

营销检修运维标准成本体系构建

　　本章节主要介绍了营销检修运维标准成本构建方法及具体构建的路径。营销检修运维标准成本构建方法分为掌握作业成本定额、测算项目成本定额、汇总成本总额、核定单位资产成本定额四步。营销作业化检修运维标准成本涵盖了营销典型资产设备的常规运维检修作业，包括电能计量、用电营业、智能用电、市场与能效和供电服务五大类。

第一节　营销检修运维标准成本构建方法

　　电网营销检修运维成本标准构建分为四步：一是基于作业成本法从作业源头掌握每项营销设备设施对应作业的构成明细、作业成本定额等；二是基于作业层面的定额标准测算出营销设备设施成本定额；三是按照资产类别明细和属性，汇总形成营销单个资产的年度成本总额；四是按照选定的单个资产类别成本标准及标准数量，计算核定单位资产成本定额。

一、作业成本定额

　　营销资产作业成本定额是指电网企业营销设备设施和用电营业设备设施中单个作业活动所消耗的材料、人工和机械台班费用定额，是电网营销成本的底层标准。

　　作业成本定额的核定方法是根据各类营销设备的技术特性、生产运行特点和检修运行状况，对电网生产实践中的典型作业流程进行提炼，在作业内容规范化、标准化的基础上，计算各种作业的材料、人工和机械台班的平均消耗量水平，制定标准作业库；根据市场供求状况和实际招标采购统计数据，参考配电网工程定额和供应商咨询信息，采用专家意见法分析测算各类材料、人工和机械台班的单价标准；根据标准作业库和材料、人工、机械台班单价标准，核定作业成本定额。

二、项目成本定额

　　营销资产项目成本定额是指单个营销资产检修运维项目所包含的所有作业活动的成本消耗定额，是营销资产检修运维成本的基础标准。

　　项目成本定额的核定方法，是通过汇总项目所包含的作业活动的各项作业成本定额，形成项目成本定额。项目成本定额主要用于基层单位业务部门编制检修项目概预算，分析项目实施成本，监控业务预算执行，为深化细化营销资产检修运维业务预算管理提供依据。

三、资产单元成本标准

营销资产单元成本标准是指在作业成本和项目成本定额的基础上，按照营销资产类别和属性所制定的营销资产设备单元整体的年均成本消耗标准。

资产单元成本标准的测算方法：首先根据各类营销资产设备特性和项目成本定额，分别归集单台设备全部检修项目所需的成本消耗水平；然后根据作业大类和作业小类、各类别作业频次、检修运维耗费（人工、材料、机械台班等），汇总测算单个营销资产单元每年检修运维所需的成本总额。

四、单位资产成本定额

在汇总形成资产单元成本总额基础上，综合考虑成本标准相关参数易获取、成本定额适用性强、专业部门易理解等因素，选定营销资产单元的动因参数及标准数量，计算核定单位资产成本定额。单位资产成本定额主要用于公司总部和各省公司测算成本需求，分解成本预算，监控财务预算执行，为统筹配置资源、加强成本分析、考核与评价等提供依据。

第二节　营销检修运维标准成本构建路径

一、营销检修运维列支范围

营销作业化检修运维标准成本基本涵盖了营销典型资产设备的常规运维检修作业，划分为电能计量、用电营业、智能用电、市场与能效和供电服务五大类。

电能计量费用主要包括电能表、计量箱、采集设备、电流互感器、专用变压器终端等设备的新装、检测、校验、轮换、改造更换、故障更换、维护、配送等作业；托盘库、箱表库、箱表柜、周转柜、省级计量中心检定检测装置（含标准单/三相电能表送检与比对、标准电流电压互感器送检与比对、单相电能表检定装置、三相电能表检定装置、电流互感器检定装置、电压互感器检定装置、单相采集终端检测设备、三相采集终端检测设备、四线一库），以及地市计量实验检定检测装置的硬软件维护费用；计量生产调度平台、国网计量中心技术服务、技术支撑、用电信息采集系统等费用。其不包括已列入工资、外部劳务费、电力设施保护费等科目的人工及其他费用。

用电营业费用主要包括档案室（含智能档案柜、密集架）及营业厅（含自助业务受理机、自助查询交费机、电子海报机、智能综合导览台等典型设备）的硬软件维护费用，不包括已列入工资、外部劳务费、电力设施保护费等科目的人工及其他费用。

智能用电费用主要包括充换电（公交充电站、城市和服务区充电站、公交换电站、城市换电站）设施设备的运维费用，不包括已列入工资、外部劳务费、电力设施保护费等科目的人工及其他费用。

市场与能效主要包括港口岸电桩（江河湖泊交流岸电桩、海港直流岸电桩）的运维费用，不包括已列入工资、外部劳务费、电力设施保护费等科目的人工及其他费用。

供电服务主要包括95598供电服务、稽查管理等费用，在"其他运营费用"中列支，详见电网其他运营费用标准。

二、营销检修运维标准成本测算

（一）电能计量

按照资产类别划分为11类：单相电能表、三相电能表、托盘库、箱表库、箱表柜、周转柜、省级计量中心检定检测装置、地市计量实验装置、计量生产调度平台、用电信息采集系统、国网计量中心。本次根据业务变化，新增了托盘库、箱表库、箱表柜、地市计量实验装置等作业。测算步骤如下：

1. 选择典型资产设备

以使用率最高作为选取依据，例如：本次选择的典型单相电能表，目前使用率高达83%。新增单相电能表如表3-1所示。

表3-1　新增单相电能表

资产类别	设备名称	单位	设备型号
新增单相电能表	单相电能表	只	2级计量精度，远程费控，继电器内置，220V，5A
	单相计量箱	台	悬挂式复合材料，最大电流为60A，单表位
	I型集中器	台	4G通信载波集中器，电力线宽带载波

2. 细化制定作业定额

针对典型设备，依据《电能计量装置技术管理规程》（DL/T 448—2016）等业务规程，制定明细作业及频次，并结合国家能源局、国家电网公司发布的人工、材料、机械台班单价，测算每项作业消耗的成本标准。例如：单相电能表作业可细分为9类（新装、检测、校验、故障更换、维护、返修、拆回分拣、配送、轮换），其中：新装单相电能表作业频次为0.87，单项作业标准成本为 $(M_1+m_1+N_1)$ 元/只，得出成本定额为 $[(M_1+m_1+N_1)\times0.87]$ 元。

3. 形成单位资产定额

根据资产作业明细，将各项作业逐级汇总，形成各类资产的单位成本定额。以新增1只单相电能表成本标准为例，单位成本定额如表3-2所示。

将电能表、计量箱、采集设备等作业定额汇总，可分别得到新增、运维、轮换、抽检单只电能表的成本，如表3-3所示。

表 3-2 单位成本定额

资产成本标准	类别明细	作业明细	设备费（元）	安装费（元）	人工费（元）	合计（元）
新增单相电能表	单相电能表	新装	M_1	m_1	N_1	$M_1+m_1+N_1$
		配送	M_2	m_2	N_2	$M_2+m_2+N_2$
		检测	M_3	m_3	N_3	$M_3+m_3+N_3$
	...					
合计			$\sum\limits_{i=1}^{n} M_i$	$\sum\limits_{i=1}^{n} m_i$	$\sum\limits_{i=1}^{n} N_i$	$\sum\limits_{i=1}^{n}\left(M_i+m_i+N_i\right)$

表 3-3 新增、运维、轮换、抽检单只电能表成本

作业类别	类别明细	成本标准（元/只）
新增	单相电能表	M_1
	三相电能表（不含资本部分）	M_2
	三相电能表（含资本部分）	M_3
运维	单相电能表	m_1
	三相电能表（不含资本部分）	m_2
	三相电能表（含资本部分）	m_3
轮换	单相电能表	H_1
	三相电能表（不含资本部分）	H_2
	三相电能表（含资本部分）	H_3
抽检	单相电能表	h_1
	三相电能表	h_2
	三相多功能电能表	h_3
	电流互感器	h_1

4. 测算标准成本规模

基于资产单位成本标准和业务量参数，即可得到该类资产成本规模。以单相电能表为例有：

新增成本 = 新增成本标准 × 存量单相电能表数量 × 近三年用户年均增幅

运维成本 = 存量成本标准 × 存量单相电能表数量

轮换成本 = 轮换成本标准 × 使用超过8年的单相电能表数量

5. 其他

关于电能表价格变化：标准成本作业化改造结合最新设备价格及实际施工情况，测算得出电能表单位标准为（$M_2+m_2+N_2$）元/户，较原（$M_1+m_1+N_1$）元/户减少了 [（$M_1+m_1+N_1$）−（$M_2+m_2+N_2$）] 元/户。主要差异：电能表支出 M_2 元/户，较原 M_1 元/户减少了（M_1-M_2）元/户；表箱支出 m_2 元/户，较原 m_1 元/户减少了（m_1-m_2）元/户；采集终端支出 N_2 元/户，较原 N_1 元/户减少了（N_1-N_2）元/户。电能表价格变化如表 3–4 所示。

表 3–4　电能表价格变化

分类	总成本（元）	电能表	计量箱	采集设备
2019 年之前	$M_1+m_1+N_1$	M_1	m_1	N_1
2019 年	$M_2+m_2+N_2$	M_2	m_2	N_2
差值	（$M_1+m_1+N_1$）−（$M_2+m_2+N_2$）	M_1-M_2	m_1-m_2	N_1-N_2

国网芯成本：国网芯是配置在电能表及采集设备模块中的芯片，经咨询目前国网芯价格约为 13 元/只，按照目前电能表及采集设备的使用频次及相关动因参数计算，2019 年营销计量建设涉及 4838 万元的国网芯成本。

轮换成本：应满足《中华人民共和国计量法实施细则》（2018 年修正版）、《中华人民共和国强制检定的工作计量器具检定管理办法》（国发〔1987〕31 号）、《电子式交流电能表》（JJG 596—2012）中要求的"0.2S 级、0.5S 级有功电能表，其检定周期一般不超过 6 年；1 级、2 级有功电能表和 2 级、3 级无功电能表，其检定周期一般不超过 8 年" ❶，单相电能表和居民三相电能表为 8 年轮换周期，非居民三相电能表为 6 年轮换周期。轮换成本如表 3–5 所示。

表 3–5　轮换成本

安装年份	已使用年限	电能表运行现状					
		单相电能表		居民三相电能表		非居民三相电能表	
		在运行数量（万只）	在运行比例	在运行数量（万只）	在运行比例	在运行数量（万只）	在运行比例
2010 年之前	9 年以上	P_1	0.00%	p_1	0.01%	Q_1	0.03%
2010 年	9 年	P_2	0.80%	p_2	0.37%	Q_2	0.09%
2011 年	8 年	P_3	3.46%	P_3	0.64%	Q_3	1.80%
...							
在运行总数	—	$\sum_{i=1}^{n} P_i$	100.00%	$\sum_{i=1}^{n} p_i$	100.00%	$\sum_{i=1}^{n} Q_i$	100.00%

---

❶ 0.2 级及 0.5 级电能表主要用于高压用户，1 级、2 级及 3 级电能表主要用于低压用户。

（二）用电营业

用电营业成本主要包括档案室（含密集架、智能档案柜）及营业厅（含自助业务受理机、自助查询交费机、电子海报机、智能综合导览台等典型设备）的硬软件维护费用。按照资产类别划分为 5 类：档案室和 A、B、C、D 级营业厅。测算步骤如下：

1. 选择典型资产设备

以使用率最高作为选取依据，例如：本次选择的营业厅典型自助业务受理机、自助查询交费机、电子海报机、智能综合导览台，均为各等级营业厅必需配置的设备，如表 3-6 所示。

表 3-6　各等级营业厅必需配置的设备

资产类别	设备名称	单位
A 级营业厅	自助业务受理机	台
	自助查询缴费机	台
	电子海报机	台
	智能综合导览台	台

2. 细化制定作业定额

针对典型设备，依据《国家电网公司电力客户档案管理规定》［国网（营销 3）382-2014］、《营销档案室智能档案柜系统招标技术文件》《国家电网公司供电营业厅标准化建设手册》《互动化供电营业厅建设规范》等业务规程，制定明细作业及频次，并结合国家能源局、国家电网公司发布的人工、材料、机械台班单价，测算每项作业消耗的成本定额。

例如：自助业务受理机的检修运维作业划分为 17 类（触摸显示器维护、主机维护、机柜维护、高拍仪维护、激光打印机维护、键盘维护、内置摄像头更换、产品灯箱维护、内置音响维护、二代身份证阅读器维护、二维码识别维护、指纹仪维护、人体感应维护、软件故障问题消缺升级、网络故障维护、软件系统升级、与营业厅综合服务平台对接升级）。

3. 形成单位资产定额

将各项明细作业逐级汇总，形成各类资产的单位成本定额。例如：营业厅分为 A、B、C、D 级营业厅，按照营业厅设备配置，将各类设备的作业成本定额汇总，可分别得到 A、B、C、D 级营业厅的成本，营业厅运维成本见表 3-7。

表 3-7 营业厅运维成本

作业类别	类别明细	成本标准（元/个）
营业厅运维	A 级营业厅维护	M_1
	B 级营业厅维护	M_2
	C 级营业厅维护	M_3
	D 级营业厅维护	M_4

4. 测算标准成本规模

基于资产单位成本定额和资产数量，即可得到该类资产成本规模。以营业厅为例有：

A 级营业厅运维成本 =A 级营业厅成本标准 ×A 级营业厅个数

B 级营业厅运维成本 =B 级营业厅成本标准 ×B 级营业厅个数

C 级营业厅运维成本 =C 级营业厅成本标准 ×C 级营业厅个数

D 级营业厅运维成本 =D 级营业厅成本标准 ×D 级营业厅个数

（三）智能用电

按照资产类别划分为 6 类：公交充电站、城市直流充电站、服务区充电站、城市交流充电站、公交换电站、城市换电站。测算步骤如下：

1. 选择典型资产设备

以使用率最高作为选取依据，例如：本次选择的典型城市充电站直流充电桩，目前使用率高达 37.2%。城市充电站设备信息如表 3-8 所示。

表 3-8 城市充电站设备信息

资产类别	设备名称	单位	设备型号
城市充电站	直流充电桩	台	一体式 60kW 直流桩
	交流充电桩	台	7kW 交流桩

2. 细化制定作业定额

针对典型设备，依据《国家电网公司电动汽车智能充换电服务网络建设管理办法》[国网（营销 /3）488-2018]、《国家电网电动汽车充电站建设典型设计》等业务规程，制定明细作业及频次，并结合国家能源局、国家电网公司发布的人工、材料、机械台班单价，测算每项作业消耗的成本定额。

例如：城市直流桩的检修运维作业划分为 7 类（桩体大修、充电桩桩体小修及维护、整流系统维修维护、充电桩网络通信系统维护、充电桩附属设施维修维护、日常检修、其他）。

3. 形成单位资产定额

将各项明细作业逐级汇总，形成各类资产的单位成本定额。例如：城市充电站分为城市直流桩、城市交流桩，将各类设备的作业成本定额汇总，可分别得到城市直流桩、城市交流桩的成本，城市充电站单位资产定额详见表 3-9。

表 3-9 城市充电站单位资产定额

作业类别	类别明细	成本标准（元 / 桩）
城市直流充电站	城市站直流充电桩检修运维（质保期外）	M_1
	城市站直流充电桩检修运维（质保期内）	M_2
城市交流充电站	城市站交流充电桩检修运维（质保期外）	M_3
	城市站交流充电桩检修运维（质保期内）	M_4

4. 测算标准成本规模

基于资产单位成本定额和资产数量，即可得到该类资产成本规模。以城市直流充电桩为例有：

城市直流桩运维成本（质保期外）= 城市直流充电桩检修成本标准（质保期外）× 质保期外的充电桩数量

城市直流桩运维成本（质保期内）= 城市直流充电桩检修成本标准（质保期内）× 质保期内的充电桩数量

（四）市场与能效

按照资产类别划分为两类：江河港岸电设施和海港岸电设施。测算步骤如下：

1. 选择典型资产设备

以使用率最高作为选取依据，例如：本次选择的典型江河港岸电设施，目前使用率高达 100%。江河港岸电设施信息如表 3-10 所示。

表 3-10 江河港岸电设施信息

资产类别	设备名称	单位	设备型号
江河港岸电设施	单枪岸电桩	台	40kW 岸电桩
	双枪岸电桩	台	60kW 岸电桩

2. 细化制定作业定额

针对典型设备，依据《国家电网公司关于创新发展电能替代的意见》等业务规程，制定明细作业及频次，并结合国家能源局、国家电网公司发布的人工、材料、机械台班单价，测算每项作业消耗的成本定额。

例如：单枪岸电桩的检修运维作业划分为 6 类（主电路维护、通信维护、控制保护维护、软件维护、常规巡检、其他维护）。

3. 形成单位资产定额

将各项明细作业逐级汇总，形成各类资产的单位成本定额。例如：江河港岸电设施分为单枪岸电桩、双枪岸电桩，将各类设备的作业成本定额汇总，可分别得到单枪岸电桩、双枪岸电桩的成本。江河港岸电设施单位资产定额见表 3–11。

表 3–11   江河港岸电设施单位资产定额

作业类别	类别明细	成本标准（元／桩）
江河港岸电设施	单枪岸电桩	M_1
	双枪岸电桩	M_2

4. 测算标准成本规模

基于资产单位成本定额和资产数量，即可得到该类资产成本规模。以江河港岸电设施为例有：

单枪岸电桩运维成本 = 单枪岸电桩成本标准 × 单枪岸电桩数量

双枪岸电桩运维成本 = 双枪岸电桩成本标准 × 双枪及以上岸电桩数量

（五）供电服务

供电服务下包含的 95598 供电服务、稽查管理等已在其他运营费中列支。

三、标准水平和计算公式

电能计量 = 电能表新增成本 + 电能表轮换成本 + 电能表存量成本 + 托盘库维护成本 + 箱表库维护成本 + 箱表柜维护成本 + 周转柜维护成本 + 省级计量中心检定检测装置运维成本 + 地市实验室检定检测装置运维成本 + 计量生产调度平台运维成本 + 用电信息采集系统等运维成本 + 国网计量中心技术服务、支撑成本

用电营业 = 档案室维护成本 + 营业厅维护成本

智能用电 = 公交充电桩检修运维成本 + 城市充电桩检修运维成本（包括直流桩、交流桩）+ 服务区充电桩检修运维成本 + 公交换电站检修运维成本 + 城市换电站检修运维成本

市场与能效 = 江河湖泊交流岸电桩检修运维成本（包括单枪、双枪及以上）+ 海港直流岸电桩检修运维成本

1. 电能表新增成本

核定电能表新增成本定额，见表 3–12。

表 3-12　电能表新增成本定额　　　　单位：元 / 只

项目	成本定额（不含人工 / 含人工）
单相电能表新增	A_1/a_1
三相电能表新增（不含资本）	A_2/a_2
三相电能表新增（含资本）	A_3/a_3

计算公式为：

电能表新增成本 = 单相电能表在运数量 × 近三年低压用户平均增长率 × 单相电能表新增成本定额 + 三相电能表在运数量 × 近三年总用户平均增长率 × 三相电能表新增成本定额

2. 电能表轮换成本

核定电能表轮换成本定额，见表 3-13。

表 3-13　电能表轮换成本定额　　　　单位：元 / 只

项目	成本定额（不含人工 / 含人工）
单相电能表轮换	B_1/b_1
三相电能表轮换	B_2/b_2
三相电能表轮换（含资本）	B_3/b_3

计算公式为：

电能表轮换成本 = 截止储备年检定超过 8 年的单相电能表 × 单相电能表轮换成本定额 +（截止储备年检定超过 6 年的非居民三相电能表 + 截止储备年检定超过 8 年的居民三相电能表）× 三相电能表轮换成本定额

3. 电能表存量成本

核定电能表存量成本定额，见表 3-14。

表 3-14　电能表存量成本定额　　　　单位：元 / 只

项目	成本定额（不含人工 / 含人工）
单相电能表存量	C_1/c_1
三相电能表存量	C_2/c_2
三相电能表存量（含资本）	C_3/c_3

计算公式为：

$$电能表存量成本 = 单相电能表在运数量 \times 单相电能表存量成本定额 + 三相电能表在$$
$$运数量 \times 三相电能表存量成本定额$$

4. 托盘库维护成本

核定托盘库维护成本定额,见表 3-15。

表 3-15　托盘库维护成本定额　　　　　　　　　　单位:元/台

项目	成本定额(不含人工/含人工)
托盘库维护	D_1/d_1

计算公式为:

$$托盘库维护成本 = 托盘库在运数量 \times 托盘库维护成本定额$$

5. 箱表库维护成本

核定箱表库维护成本定额,见表 3-16。

表 3-16　箱表库维护成本定额　　　　　　　　　　单位:元/台

项目	成本定额(不含人工/含人工)
箱表库维护	E_1/e_1

计算公式为:

$$箱表库维护成本 = 箱表库在运数量 \times 箱表库维护成本定额$$

6. 箱表柜维护成本

核定箱表柜维护成本定额,见表 3-17。

表 3-17　核定箱表柜维护成本定额　　　　　　　　单位:元/台

项目	成本定额(不含人工/含人工)
箱表柜维护	F_1/f_1

计算公式为:

$$箱表柜维护成本 = 箱表柜在运数量 \times 箱表柜维护成本定额$$

7. 周转柜维护成本

核定周转柜维护成本定额,见表 3-18。

表 3-18　周转柜维护成本定额　　　　　　　　　　单位:元/台

项目	成本定额(不含人工/含人工)
周转柜维护	G_1/g_1

计算公式为：

$$周转柜维护成本 = 周转柜在运数量 \times 周转柜维护成本定额$$

8. 省级计量中心检定检测装置运维成本

核定省级计量中心检定检测装置维护成本定额，见表 3-19。

表 3-19　省级计量中心检定检测装置维护成本定额　　　　单位：元 / 套

项目	成本定额（不含人工 / 含人工）
省级计量中心检定检测装置维护	H_1/h_1

计算公式为：

省级计量中心检定检测装置维护成本 $=1 \times$ 省级计量中心检定检测装置维护成本定额

注：按照《国家电网公司省级计量中心建设通用设计指导意见》（国家电网营销〔2010〕118 号），公式中的"1"代表 1 个网省公司。

9. 地市实验室检定检测装置运维成本

核定地市实验室检定检测装置维护成本定额，见表 3-20。

表 3-20　地市实验室检定检测装置维护成本定额　　　　单位：元 / 套

项目	成本定额（不含人工 / 含人工）
地市实验室检定检测装置维护	I_1/i_1

计算公式为：

$$地市实验室检定检测装置维护成本 = 地市实验室在运数量 \times 地市实验室$$
$$检定检测装置维护成本定额$$

10. 计量生产调度平台运维成本

核定计量生产调度平台运维成本定额，见表 3-21。

表 3-21　计量生产调度平台运维成本定额　　　　单位：元 / 套

项目	成本定额
计量生产调度平台运维	J_1

计算公式为：

$$计量生产调度平台运维成本 =1 \times 计量生产调度平台运维成本定额$$

11. 用电信息采集系统等运维成本

核定用电信息采集系统等运维成本定额，见表 3-22。

表 3-22　用电信息采集系统等运维成本定额　　　　　单位：元 / 套

项目	成本定额
用电信息采集系统等运维	K_1

计算公式为：

用电信息采集系统等运维成本 =1× 用电信息采集系统等运维成本定额

12. 国网计量中心技术服务、技术支撑成本

核定国网计量中心技术服务、技术支撑成本定额，见表 3-23。

表 3-23　国网计量中心技术服务、技术支撑成本定额　　　　　单位：元 / 套

项目	成本定额
国网计量中心技术服务、技术支撑	L_1

计算公式为：

国网计量中心技术服务、技术支撑成本 =1× 国网计量中心技术服务、技术支撑成本定额

13. 档案室设备维护成本

核定档案室设备维护成本定额，见表 3-24。

表 3-24　档案室设备维护成本定额　　　　　单位：元 / 个

项目	成本定额（不含人工 / 含人工）
智能档案柜维护	M_1/m_1
密集架维护	M_2/m_2

计算公式为：

档案室设备维护成本 = 智能档案柜在运数量 × 智能档案柜维护成本定额 + 密集架在运数量 × 密集架维护成本定额

14. 营业厅设备维护成本

核定营业厅设备维护成本定额，见表 3-25。

表 3-25　营业厅设备维护成本定额　　　　　单位：元 / 个

项目	成本定额（不含人工 / 含人工）
A 级营业厅设备维护	N_1/n_1
B 级营业厅设备维护	N_2/n_2

续表

项目	成本定额（不含人工 / 含人工）
C 级营业厅设备维护	N_3/n_3
D 级营业厅设备维护	N_4/n_4

计算公式为：

营业厅设备维护成本 = A 级营业厅在运个数 × A 级营业厅设备维护成本定额 +
B 级营业厅在运个数 × B 级营业厅设备维护成本定额 +
C 级营业厅在运个数 × C 级营业厅设备维护成本定额 +
D 级营业厅在运个数 × D 级营业厅设备维护成本定额

15. 充换电站维护成本

核定充换电站维护成本定额，见表 3–26。

表 3–26　充换电站维护成本定额　　　　　单位：元 / 桩，元 / 工位

分类	项目	成本定额（不含人工/含人工）
公交充电站	公交站直流充电桩检修运维（质保期外）	O_1/o_1
	公交站直流充电桩检修运维（质保期内）	O_2/o_2
城市直流充电站	城市站直流充电桩检修运维（质保期外）	O_3/o_3
	城市站直流充电桩检修运维（质保期内）	O_4/o_4
…		

计算公式为：

充换电站维护成本 = 公交站直流充电桩（质保期外）在运数量 × 公交站直流充电桩
（质保期外）检修运维成本定额 + 公交站直流充电桩（质保期内）
在运数量 × 公交站直流充电桩（质保期内）检修运维成本定额 +
城市站直流充电桩（质保期外）在运数量 × 城市站直流充电桩
（质保期外）检修运维成本定额 + 城市站直流充电桩（质保期内）
在运数量 × 城市站直流充电桩（质保期内）检修运维成本定额 +
服务区直流充电桩（质保期外）在运数量 × 服务区直流充电桩
（质保期外）检修运维成本定额 + 服务区直流充电桩（质保期内）
在运数量 × 服务区直流充电桩（质保期内）检修运维成本定额 +
城市站交流充电桩（质保期外）在运数量 × 城市站交流充电桩

（质保期外）检修运维成本定额 + 城市站交流充电桩（质保期内）
在运数量 × 城市站交流充电桩（质保期内）检修运维成本定额 +
公交换电站在运工位数量 × 公交换电站检修运维成本定额 + 城市
换电站在运工位数量 × 城市换电站检修运维成本定额

16. 港口岸电设备维护成本

核定港口岸电设备维护成本定额，见表 3-27。

表 3-27　港口岸电设备维护成本定额　　　　单位：元 / 桩，元 / 套

分类	项目	成本定额（不含人工 / 含人工）
江河湖泊交流岸电桩	内陆港口交流岸电设施单枪检修运维	P_1/p_1
江河湖泊交流岸电桩、海港直流岸电桩	内陆港口交流岸电设施双枪及以上检修运维	P_2/p_2
海港直流岸电桩	沿海港口高压直流岸电设施检修运维	P_3/p_3

计算公式为：

港口岸电设备维护成本 = 内陆港口交流岸电设施单枪在运数量 ×
　　　　　　　　　内陆港口交流岸电设施单枪检修运维成本定额 +
　　　　　　　　　内陆港口交流岸电设施双枪及以上在运数量 ×
　　　　　　　　　内陆港口交流岸电设施双枪及以上检修运维成本定额 +
　　　　　　　　　沿海港口高压直流岸电设施在运数量 ×
　　　　　　　　　沿海港口高压直流岸电设施检修运维成本定额

第四章

其他运营费用标准成本体系构建

本章节主要介绍了其他运营费用标准成本体系构建方法和具体构建的路径。其他运营费用涉及成本项目多、列支范围广、包含内容复杂多样，主要包括购电成本、营销成本、工资福利等。

第一节　其他运营费用标准成本体系构建方法

基于电网其他运营费用涉及成本项目多、列支范围广、包含内容复杂多样，为科学合理测算出每项费用的成本标准，故按照不重不漏、找准动因、先拆后汇的原则，对每项费用深入解析作业明细，测算定额标准，同时考虑到不同地区间电网规模、地域特征、物价水平等因素对成本水平的影响，分别设定相关调整系数，以修正成本标准测算结果和地区分配结果。

一、费用先拆后汇

根据成本动因，可将其他运营费用划分为以下五类 37 项：

（1）人员动因。包括办公费、差旅费、水费、电费、车辆使用费、低值易耗品摊销、劳动保护费、外部劳务费、取暖费、出国人员经费、国际业务支出、委托运行维护费（不含农维）12 项。

（2）资产动因。包括电力设施保护费、财产保险费、无形资产后续维护费、中介费、物业管理及管理用房屋维修费、绿化费 6 项。

（3）营业规模动因。包括业务费、业务招待费、客服及商务服务费、广告宣传费、研究开发费、安全费、清洁卫生费 7 项。

（4）行为动因。包括会议费、租赁费、团体会费、设备检测费、环评费、节能服务费 6 项。

（5）政策动因。包括社会保险费、职工福利费、工资附加、党团活动经费、地方政府收费、长期待摊费用及无形资产摊销 7 项。

二、考虑调整系数

在其他运营费用作业化标准成本体系构建过程中，对成本水平的影响主要涉及电网规模、地域特性、地区经济三类要素，因此，为了修正成本标准测算结果及地区分配结果，以下通过考虑这三类要素来分别对相关调整系数进行设定。

（一）电网规模

一般来说，资产类动因和营业规模类动因主要考虑电网各类资产和电网经营状况，如资产总额、固定资产原值、管理性房屋资产原值、35kV 及以上变电站数量、配电台区数量、35kV 及以上输电线路长度、房屋土地建筑面积、生产用车现有数量、电力用户数、营业厅个数、物资采购总额等因素。但考虑到规模效益，资产和营收规模较大的地区具有规模优势，同时相应的费用增幅小于资产和营收规模的增幅，反之则相反。因此，将资产规模和营收规模作为调整因素进行反向修正，能有效避免资产和营收规模差异导致其他运营费用分配偏差过大。

1. 资产总额

若选择"资产总额"作为资产规模的量化因素，通过收集某省 2018 年各地区资产总额数据，并对其进行归一化处理（即原值 / 原值加总的平均值），然后按地区结构聚类结果设置调整系数（各地区排序处于中间的地区设置调整系数为 1，每一档的调整系数相差 0.05。临近的两个归一化数据差距小于 0.04 归为一档，超过 0.04 分为两档），则资产反向调整系数如表 4-1 所示。

表 4-1　资产反向调整系数

区域	资产总额（万元）	归一化的资产总额（万元）	资产反向调整系数
A 地区	M_1	m_1	1.20
B 地区	M_2	m_2	1.20
C 地区	M_3	m_3	1.15
…			
平均值	$\dfrac{\sum\limits_{i=1}^{n} M_i}{n}$	$\dfrac{\sum\limits_{i=1}^{n} m_i}{n}$	

2. 电力产品主营业务收入净额

若选择"电力产品主营业务收入净额"作为营收规模的量化因素，同样的可通过收集某省 2018 年各地区电力产品主营业务收入净额数据，并对其进行归一化处理（原值 / 原值加总的平均值），然后针对不同费用特点按地区结构聚类结果设置调整系数（各地区排序处于中间的地区设置调整系数为 1，每一档的调整系数相差 0.05。临近的两个归一化数据差距小于 0.04 归为一档，超过 0.04 分为两档），则营收调整系数如表 4-2 所示。

表 4-2 营收调整系数

区域	电力产品主营业务收入净额（万元）	归一化的电力产品主营业务收入净额（万元）	营收反向调整系数	营收正向调整系数
A 地区	M_1	m_1	1.20	0.80
B 地区	M_2	m_2	1.15	0.85
C 地区	M_3	m_3	1.10	0.90
...				
平均值	$\dfrac{\sum\limits_{i=1}^{n} M_i}{n}$	$\dfrac{\sum\limits_{i=1}^{n} m_i}{n}$		

（二）地域特征

各个市县公司的地域范围、地形地貌、气候气温等天然存在的自然条件方面的客观差异，会一定程度上影响其他运营费用的发生，如车辆使用费与地形地貌密不可分、差旅费与出差地距离相关等实例。因此，只有结合地域特征，将地域特征作为调整因素进行正向修正，才能更全面客观地反映其他运营费用分配的因地制宜，从而有效避免地域特征差异导致其他运营费用分配偏差过大的问题。

1. 出差里程调整系数

出差里程调整系数包括"与省会城市的距离调整系数"和"地域面积调整系数"，这里采用"高铁票均价"和"土地面积"量化因素，收集某省各地级市到省会城市的高铁票均价数据和各地区的土地面积数据，进行归一化处理（原值／原值加总的平均值），按地区结构聚类结果设置调整系数（与省会城市的距离调整系数：各地区排序处于中间的地区设置调整系数为 1，每一档的调整系数相差 0.025。临近的两个归一化数据差距小于 0.05 归为一档，超过 0.05 分为两档。地域面积调整系数：各地区排序处于中间的地区设置调整系数为 1，每一档的调整系数相差 0.025。临近的两个归一化数据差距小于 0.05 归为一档，超过 0.05 分为两档）。再通过公式：出差里程调整系数 = 与省会城市的距离调整系数 × 50%+ 地域面积调整系数 × 50% 进行计算。与省会城市的距离调整系数、地域面积调整系数如表 4-3、表 4-4 所示。

表 4-3 与省会城市的距离调整系数

区域	与省会城市的距离（高铁票均价）（元）	归一化的与省会城市的距离（高铁票均价）（元）	与省会城市的距离调整系数
A 地区	M_1	m_1	0
B 地区	M_2	m_2	0.950

续表

区域	与省会城市的距离 （高铁票均价）（元）	归一化的与省会城市的 距离（高铁票均价）（元）	与省会城市的 距离调整系数
C 地区	M_3	m_3	0.975
...			
平均值	$\dfrac{\sum_{i=1}^{n} M_i}{n}$	$\dfrac{\sum_{i=1}^{n} m_i}{n}$	

表 4-4　地域面积调整系数

区域	土地面积（m²）	归一化的土地面 积（m²）	地域面积调整 系数	出差里程调整 系数
A 市	P_1	m_1	0.875	1.00
B 市	P_2	m_2	0.900	0.94
C 市	P_3	m_3	0.925	0.95
...				
平均值	$\dfrac{\sum_{i=1}^{n} P_i}{n}$	$\dfrac{\sum_{i=1}^{n} m_i}{n}$		

2. 地形调整系数

以"地形难度系数"作为地形地貌的量化因素，收集某省各地区平原盆地、山地丘陵、河流湖泊的地貌结构数据，然后设定平原盆地、山地丘陵、河流湖泊的地形增加系数分别为 1、1.5、2，进而计算各地区的地形难度系数，再对其进行归一化处理（原值 / 原值加总的平均值），按地区结构聚类结果设置调整系数（各地区排序处于中间的地区设置调整系数为 1，每一档的调整系数相差 0.1。临近的两个归一化数据差距小于 0.01 归为一档，超过 0.01 分为两档），最后地形难度系数计算表、地形调整系数如表 4-5、表 4-6 所示。

表 4-5　地形难度系数计算表

区域	地形比例			地形增加系数			地形难度系数			
	山地 丘陵	平原 盆地	河流 湖泊	山地 丘陵	平原 盆地	河流 湖泊	山地 丘陵	平原 盆地	河流 湖泊	加总
A 地区	65.60%	26.40%	8.00%	1.5	1.0	2.0	0.9840	0.2640	0.1600	1.4080
B 地区	1.02%	90.60%	8.38%	1.5	1.0	2.0	0.0153	0.9060	0.1676	1.0889
C 地区	49.30%	40.70%	10.00%	1.5	1.0	2.0	0.7395	0.4070	0.2000	1.3465
...										

表 4-6 地形调整系数

区域	地形难度系数	归一化的地形难度系数	调整系数
A 市	M_1	m_1	0.70
B 市	M_2	m_2	0.80
C 市	M_3	m_3	0.90
...			
平均值	$\dfrac{\sum\limits_{i=1}^{n} M_i}{n}$	$\dfrac{\sum\limits_{i=1}^{n} m_i}{n}$	

（三）地区经济

在其他运营费用中，存在部分费用涉及外部人力资本，如外部劳务费、委托运行维护费、安全费等。这均包含了部分外部劳务，它们与当地的工资水平密切相关，由于考虑到不同地区工资水平存在一定差异，因此将全社会平均工资水平作为调整依据纳入到其他运营费用的测算中进行正向修正，从而避免各地区工资水平差异导致其他运营费用分配偏差过大。

工资调整系数：选择"全社会平均工资水平"作为地区经济的量化因素，收集某省2021年各地区全社会平均工资水平数据，进行归一化处理（原值／原值加总的平均值），按地区结构聚类结果设置调整系数（各地区排序处于中间的地区设置调整系数为1，每一档的调整系数相差0.05。临近的两个归一化数据差距小于0.02归为一档，超过0.02分为两档），工资调整系数如表4-7所示。

表 4-7 工资调整系数

区域	全社会平均工资水平（元）	归一化的全社会平均工资水平（元）	调整系数
A 市	M_1	m_1	0.80
B 市	M_2	m_2	0.85
C 市	M_3	m_3	0.90
...			
平均值	$\dfrac{\sum\limits_{i=1}^{n} M_i}{n}$	$\dfrac{\sum\limits_{i=1}^{n} m_i}{n}$	

第二节　其他运营费标准成本体系构建

一、人员动因类费用

（一）办公费

1. 列支范围

办公费包括办公用品（含办公饮水费）、报纸杂志及图书资料费、印刷费、邮电费、电脑耗材（主要包括打印机硒鼓、墨盒、U盘等耗材）、通信费、气象服务费以及办公设施维护费等。

2. 作业化改造内容

根据列支范围将办公费进一步细分为办公用品、电脑耗材、报纸杂志及图书资料费、印刷费、邮电费、通信费、气象服务费、办公设施维护费等。再根据每项明细费用对应的业务内容确定最相关的二级动因，其中，与职工人数最相关的费用有办公用品、报纸杂志及图书资料费、电脑耗材、印刷费、邮电费、通信费、办公设施维护费；而与单位数量最相关的费用有气象服务费。先分别确定每项明细费用的成本标准，再加权汇总转换为人均定额标准。办公费定额标准如表4-8所示。

表 4-8　办公费定额标准

作业明细	主要动因	管理技术人员人均定额 ［元/（人·年）］	技能服务人员人均定额 ［元/（人·年）］
办公用品及杂费	职工人数	M_1	m_1
报纸杂志及图书资料费	职工人数	M_2	m_2
印刷费	职工人数	M_3	m_3
...			
合计	—	$\sum_{i=1}^{n} M_i$	$\sum_{i=1}^{n} m_i$

注意：①印刷费主要用于各类正式会议汇报材料的制作。②邮电费主要是针对合同、重要文件原件等资料的快递业务，近年来随着电子化水平的提高，纸质材料传递的情况逐年减少。③通信费主要涉及办公固定电话（占比40%左右）、移动工作卡电话、互联网专线接入业务，以及带宽型连接电路、配电监测、移动视频监测和信息化应用业务，随着电子化办公的普及，涉及服务范围变得更广。④气象服务费：主要是对于沿海多台风地区的费用支出，考虑到气象服务在部分地市属于公开信息，不收取费用，因此定额标准有降低趋势。办公用品及电脑耗材定额、办公杂志及图书资料费以及办公设施维护费作业清单分别如表4-9～表4-11所示。

表 4-9　办公用品及电脑耗材定额

序号	配备物资		管理技术人员			技能服务人员			价格参考
	名称	使用年限	数量	单价标准（元）	定额标准[元/（人·年）]	数量	单价标准（元）	定额标准[元/（人·年）]	
一	办公用品				$\sum\limits_{i=1}^{n} M_i P_i$			$\sum\limits_{i=1}^{n} H_i N_i$	—
1	中性笔	1年	P_1支	M_1	$M_1 P_1$	N_1支	H_1	$H_1 N_1$	近两年电商平台平均中标价
2	复印纸	1年	P_2箱	M_2	$M_2 P_2$	N_2箱	H_2	$H_2 N_2$	近两年电商平台平均中标价
3	干电池	1年	P_3个	M_3	$M_3 P_3$	N_3个	H_3	$H_3 N_3$	近两年电商平台平均中标价
⋮									
二	电脑耗材				$\sum\limits_{i=1}^{n} m_i p_i$			$\sum\limits_{i=1}^{n} h_i n_i$	—
1	硒鼓	1年	p_1个	m_1	$m_1 p_1$	n_1个	h_1	$h_1 n_1$	近两年电商平台平均中标价
2	碳粉	1	p_2个	m_2	$m_2 p_2$	n_2个	h_2	$h_2 n_2$	近两年电商平台平均中标价
3	墨盒	1	p_3个	m_3	$m_3 p_3$	n_3个	h_3	$h_3 n_3$	近两年电商平台平均中标价
⋮									
合计					$\sum\limits_{i=1}^{n} M_i P_i + \sum\limits_{i=1}^{n} m_i p_i$			$\sum\limits_{i=1}^{n} H_i N_i + \sum\limits_{i=1}^{n} h_i n_i$	—

表4-10　办公杂志及图书资料费

名称	份数（份）	单价（元）	定额标准［万元/（单位·年）］
《中国电力报》	P_1	M_1	$M_1 P_1$
《中国电业》	P_2	M_2	$M_2 P_2$
《人民日报》	P_3	M_3	$M_3 P_3$
…			
合计			$\sum_{i=1}^{n} M_i p_i$

表4-11　办公设施维护费作业清单

人员类别	作业类型		维修比例		维修金额占原值的比重	定额标准（元）	建议定额标准［元/（人·年）］
	办公家具费［元/（人·年）］	办公电器费［元/（人·年）］	办公家具	办公电器			
管理技术人员	M_1	N_1	25%	30%	30%	H_1	I_1
技能服务人员	m_1	n_1	25%	30%	30%	h_1	i_1

注：①需要维护修理的办公设施主要涉及低值易耗品中的办公家具（办公桌椅等）和办公电器（如电脑、复印机、打印机、扫描仪等）。②办公电器维修较为频繁，同时办公家具维修频次相对较低，且考虑到往年办公家具和办公电器也需要维护修理，因此修理比例分别为25%和30%；考虑到低值易耗品按照3～5年的折旧期限，因此将维修金额设定为办公设施原值的30%。

3. 计算公式

计算公式如下：

办公费 = 管理技术人员人数 × 管理技术人员定额标准 +
技能服务人员人数 × 技能服务人员定额标准

（二）差旅费

1. 列支范围

差旅费包括职工因公出差住宿费、交通费、住勤补贴、调动职工本人及批准随行家属的差旅费、出国出境在国内差旅费用等。因参加会议发生的差旅费在本科目核算，但不包含因培训发生的差旅费。

2. 作业化改造内容

差旅费定额标准如表4-12所示。

表 4-12　差旅费定额标准

作业明细	管理技术人员人均定额	技能服务人员人均定额
平均每次出差天数（天）	M_1	m_1
年均出差频次（次）	M_2	m_2
交通费［元/（人·天）］	M_3	m_3
住宿费［元/（人·天）］	M_4	m_4
出差补贴［元/（人·天）］	M_5	m_5
合计定额标准［元/（人·天）］	$\sum\limits_{i=1}^{n} M_i$	$\sum\limits_{i=1}^{n} m_i$

注：表中人均定额参照行业或所在单位差旅费标准，结合实际情况综合核定。

差旅费与出差地距离相关，考虑到各个市县公司的地域范围、到省会城市的距离等自然条件的客观差异对差旅费支出会产生一些不可避免的影响。因此，将出差里程作为调整因素进行差旅费的正向修正。

选择"与省会城市的距离"和"地域面积"作为地域范围的量化因素，此处采用"高铁票均价"和"土地面积"量化因素，通过收集某省各地级市到省会城市的高铁票均价数据和各地区的土地面积数据，并对其进行归一化处理（原值/原值加总的平均值），然后按地区结构聚类结果设置调整系数，再将"高铁票均价"和"土地面积"两个因素的调整系数各取 50% 进行加权平均，最后得到出差里程调整系数。与省会城市的距离调整系数、地域面积调整系数及出差里程调整系数分别如表 4-13、表 4-14 所示。

表 4-13　与省会城市的距离调整系数

区域	与省会城市的距离（高铁票均价）（元）	归一化的与省会城市的距离（高铁票均价）（元）	与省会城市的距离调整系数
A 地区	M_1	m_1	0
B 地区	M_2	m_2	0.950
C 地区	M_3	m_3	0.975
…			
平均值	$\dfrac{\sum\limits_{i=1}^{n} M_i}{n}$	$\dfrac{\sum\limits_{i=1}^{n} m_i}{n}$	

表 4-14 地域面积调整系数及出差里程调整系数

区域	土地面积（m²）	归一化的土地面积（m²）	地域面积调整系数	出差里程调整系数
A 市	P_1	m_1	0.875	1.00
B 市	P_2	m_2	0.900	0.94
C 市	P_3	m_3	0.925	0.95
...				
平均值	$\dfrac{\sum\limits_{i=1}^{n} P_i}{n}$	$\dfrac{\sum\limits_{i=1}^{n} m_i}{n}$		

3. 计算公式

计算公式如下：

差旅费 =（管理技术人员人数 × 管理技术人员定额标准 + 技能服务人员人数 × 技能服务人员定额标准）× 出差里程调整系数

（三）水费

1. 列支范围

水费包括生产、办公等公共场所的用水费用，不包括计入办公费的生产办公场所饮用水费用。

2. 作业化改造内容

根据水费构成和自来水定价分析，可以将水费进行作业化改造为生产场所用水费用和经营办公场所用水费用两类。水费定额标准如表 4-15 所示。

表 4-15 水费定额标准

用水场所	主要动因	人均用水量 [t/（人·天）]	备注
经营办公场所	管理技术人员（占比 30%）	P_1	经营办公场所包括生产调度大楼、办公大楼、营业厅
生产场所	技能服务人员（占比 70%）	P_2	生产场所仅包括变电站、供电所和生产工区，由于生产场所为值班人员配备淋浴室等设施，用水量高于经营办公场所
平均定额标准		$P_1 \times 30\% + P_2 \times 70\%$	—
建议定额标准		$P_1 \times 30\% + P_2 \times 70\%$	—

注：一年按 365 天计算水费。

3. 计算公式

计算公式如下：

$$水费 = 人均用水量定额标准 \times 当地水价 \times 365 天 \times 职工人数$$

（四）电费

1. 列支范围

电费包括生产、办公等公共场所的电费，以及供电企业耗用的不属于线损范围的其他自用电费等。

2. 作业化改造内容

电费定额标准如 4-16 所示。

表 4-16　电费定额标准

定额标准［万/（单位·年）］	备注
0	电网企业
剔除不合理因素后的近三年最低值	直属单位

注：供电单位电费进入线损，办公场所基本没有这块费用。

（五）车辆使用费

1. 列支范围

车辆使用费包括车辆修理、年检、过路过桥（包括停车）、燃油费及保险费等费用。其中车辆租赁费在租赁费中列支，驾驶员费用在委托运行维护费中列支。而电动汽车的电池第三方责任险则包括在车辆保险费范围，其充电的电费计入燃油费。

2. 作业化改造内容

该次作业化改造主要对车辆使用费按照列支范围做出进一步细分，具体如下：①修理维护费（包括修理费和维护费）；②年检费；③停车过路费，包括停车费、高速公路通行费、其他路桥通行费；④燃油费，根据车辆百公里油耗来核定定额标准；⑤保险费。生产车辆驾驶员费用在委托运行维护费中列支。车辆使用费定额标准、作业明细分别如表 4-17、表 4-18 所示。

表 4-17　车辆使用费定额标准

项目	公务用车	生产用车
主要动因	公务用车现有数量	生产用车现有数量
建议定额标准［元/（辆·年）］	M_1	M_2

表 4-18　车辆使用费作业明细

车辆使用费作业	频次	单位标准（元）	公里数 [km/（辆·年）]		定额标准 [元/（辆·年）]	
			公务用车	生产用车	公务用车	生产用车
车辆修理费		M_1	P_1	p_1	$M_1 P_1$	$M_1 p_1$
车辆年检费	1 次 / 年	M_2	P_2	p_2	$M_2 P_2$	$M_2 p_2$
停车过路费	—	M_3	P_3	p_3	$M_3 P_3$	$M_3 p_3$
车辆燃油费	油耗 10.5L/ 百 km	M_4	P_4	p_4	$M_4 P_4$	$M_4 p_4$
车辆保险费	1 次 / 年	M_5	P_5	p_5	$M_5 P_5$	$M_5 p_5$
合计	—	—	22000	28000	$\sum_{i=1}^{n} M_i P_i$	$\sum_{i=1}^{n} M_i P_i$

注：在制定该标准时参考的基础油价为前一年度平均油价（含税），价格可参考中华人民共和国国家发展和改革委员会官网数据，由于车辆燃油费成本标准占车辆使用费总标准的 50% 左右，故若油价涨幅超过 5% 时，该标准提高的幅度为油价涨幅的一半；反之则下降的幅度为油价降幅的一半。

调整系数设置（地形调整系数）：生产车辆使用费与地形地貌密不可分，考虑到各个市县公司地形地貌的客观差异对生产车辆使用费支出产生不可避免的影响，只有结合地形地貌特征才能更全面、客观地反映生产车辆使用费分配的因地制宜。因此，将地形地貌特征作为调整因素进行生产车辆使用费的正向修正依据。

本书选择"地形难度系数"作为地形地貌的量化因素，收集某省各地区平原盆地、山地丘陵、河流湖泊的地貌结构数据，设定平原盆地、山地丘陵、河流湖泊的地形增加系数分别为 1、1.5、2，计算各地区的地形难度系数，进行归一化处理（原值 / 原值加总的平均值），按地区结构聚类结果设置调整系数。地形难度系数计算表、地形调整系数分别如表 4-19、表 4-20 所示。

表 4-19　地形难度系数计算表

区域	地形比例			地形增加系数			地形难度系数			
	山地丘陵	平原盆地	河流湖泊	山地丘陵	平原盆地	河流湖泊	山地丘陵	平原盆地	河流湖泊	加总
A 地区	65.60%	26.40%	8.00%	1.5	1.0	2.0	0.9840	0.2640	0.1600	1.4080
B 地区	1.02%	90.60%	8.38%	1.5	1.0	2.0	0.0153	0.9060	0.1676	1.0889
C 地区	49.30%	40.70%	10.00%	1.5	1.0	2.0	0.7395	0.4070	0.2000	1.3465
...										

表 4-20　地形调整系数

区域	地形难度系数	归一化的地形难度系数	调整系数
A 地区	M_1	m_1	0.70
B 地区	M_2	m_2	0.80
C 地区	M_3	m_3	0.90
…			
平均值	$\dfrac{\sum\limits_{i=1}^{n} M_i}{n}$	$\dfrac{\sum\limits_{i=1}^{n} m_i}{n}$	

3. 计算公式

计算公式如下：

车辆使用费 = 公务用车现有数量 × 公务用车使用费定额标准 +
生产服务用车现有数量 × 生产服务用车使用费定额标准 ×
地形调整系数

（六）低值易耗品摊销

1. 列支范围

低值易耗品是指生产维修用工器具、办公用家具（桌椅、窗帘等）、单位价值在一定范围内的挂壁式空调、照相机、电视机、录像机、小冰箱、微波炉等其他家用型低值易耗品、办公设备（扫描仪、打印机等）。

2. 作业化改造内容

该次作业化改造主要对低值易耗品按照列支范围做出进一步细分：①办公家具；②办公电器；③生产用工器具。低值易耗品摊销定额标准及低值易耗品配备标准（参考）分别如表 4-21、表 4-22 所示。

表 4-21　低值易耗品摊销定额标准

主要动因	管理技术人员定额标准〔元/（人·年）〕	技能服务人员定额标准〔元/（人·年）〕
职工人数	M_1	M_2

表4-22　低值易耗品配备标准（参考）

序号	配备物资 低耗品	使用年限	管理技术人员 数量标准	单价标准（元）	定额标准[元/（人·年）]	技能服务人员 数量标准	单价标准（元）	定额标准[元/（人·年）]
一	办公家具				$\sum\limits_{i=1}^{n} M_i P_i$			$\sum\limits_{i=1}^{n} H_i N_i$
1	办公用柜、资料柜	1年	P_1个	M_1	$M_1 P_1$	N_1个	H_1	$H_1 N_1$
2	办公椅	1年	P_2把	M_2	$M_2 P_2$	N_2把	H_2	$H_2 N_2$
3	办公桌	1年	P_3张	M_3	$M_3 P_3$	N_3张	H_3	$H_3 N_3$
…								
二	办公电器				$\sum\limits_{i=1}^{n} m_i p_i$			$\sum\limits_{i=1}^{n} h_i n_i$
1	灯泡、LED灯	1年	p_1只	m_1	$m_1 p_1$	n_1只	h_1	$h_1 n_1$
2	电热壶	1年	p_2把	m_2	$m_2 p_2$	n_2把	h_2	$h_2 n_2$
3	电风扇	1年	p_3台	m_3	$m_3 p_3$	n_3台	h_3	$h_3 n_3$
…								
三	生产工器具							$\sum\limits_{i=1}^{n} O_i P_i$
1	手持工作灯	1年				O_1盏	P_1	$O_1 P_1$

续表

序号	配备物资		管理技术人员			技能服务人员		
	低耗品	使用年限	数量标准	单价标准（元）	定额标准[元/（人·年）]	数量标准	单价标准（元）	定额标准[元/（人·年）]
2	钳	1年				O_2把	P_2	O_2P_2
3	扳手	1年				O_3把	P_3	O_3P_3
…								
合计		—			$\sum_{i=1}^{n}M_iP_i+\sum_{i=1}^{n}m_ip_i$			$\sum_{i=1}^{n}H_iN_i+\sum_{i=1}^{n}h_in_i+\sum_{i=1}^{n}O_iP_i$
建议定额标准		—			$\sum_{i=1}^{n}M_iP_i+\sum_{i=1}^{n}m_ip_i$			$\sum_{i=1}^{n}H_iN_i+\sum_{i=1}^{n}h_in_i+\sum_{i=1}^{n}O_iP_i$

注：①涉及办公室共同使用的，按照每个办公室平均4人，即25%的数量标准执行。②涉及部门共同使用的，按照每个部门平均10人，即10%的数量标准执行。

3. 计算公式

计算公式如下：

$$低值易耗品摊销费 = 管理技术人员人数 \times 管理技术人员定额标准 +$$
$$技能服务人员人数 \times 技能服务人员定额标准$$

（七）劳动保护费

1. 列支范围

劳动保护费包括按规定发放给职工的安全防护用品、清洁用品、服装费等（其中安全防护用品包括工作服、工作帽、工作鞋、手套、防寒服、雨衣、安全帽、安全带等），不包括职工疗休养费、职工体检费。

2. 作业化改造内容

该次作业化改造主要对劳动保护费按照列支范围做出进一步细分，再结合业务实际设置定额标准。劳动保护费定额标准如表4-23所示。

表4-23　劳动保护费定额标准

劳保用品	定额标准 [元/（人·年）]	主要动因
工作服	M_1	职工人数
冬令用品	M_2	职工人数
夏令用品	M_3	职工人数
清洁卫生用品	M_4	职工人数
其他劳保用品	M_5	生产人员（技能类）

3. 计算公式

计算公式如下：

$$劳动保护费 = 职工人数 \times 工作服定额标准 + 职工人数 \times 冬令用品定额标准 +$$
$$职工人数 \times 夏令用品定额标准 + 职工人数 \times 清洁卫生用品定额标准 +$$
$$生产人员人数 \times 其他劳保用品定额标准$$

（八）外部劳务费

1. 列支范围

外部劳务费是指通过中介派遣的外部劳务人员、临时用工的费用支出。此次将非项目化生产、营销人员外包一并在该项核定。

2. 作业化改造内容

此次作业化改造主要对外部劳务费涉及的具体业务实际做出进一步细分：①非项目化检修业务外包费用；②非项目化计量业务外包费用。外部劳务费定额标准如表4-24所示。

表 4-24　外部劳务费定额标准

主要动因	定额标准［万元 /（人·年）］	备注
非项目化检修业务外包人员人数	M_1	电力行业全社会平均工资水平
非项目化计量业务外包人员人数		

外部劳务费涉及外部人力资本，与当地的工资水平密切相关，考虑到不同地区工资水平存在一定差异，因此考虑将全社会平均工资水平作为调整因素进行外部劳务费的正向修正。

此次选择"全社会平均工资水平"作为地区经济的量化因素，通过收集某省各地区全社会平均工资水平数据，并对其进行归一化处理（原值 / 原值加总的平均值），按地区结构聚类结果设置调整系数。工资调整系数如表 4-25 所示。

表 4-25　工资调整系数

区域	全社会平均工资水平（元）	归一化的全社会平均工资水平（元）	调整系数
A 市	M_1	m_1	0.80
B 市	M_2	m_2	0.85
C 市	M_3	m_3	0.90
…			
平均值	$\dfrac{\sum\limits_{i=1}^{n} M_i}{n}$	$\dfrac{\sum\limits_{i=1}^{n} m_i}{n}$	1.00

3. 计算公式

计算公式如下：

外部劳务费 =（非项目化检修业务外包人员人数 + 非项目化计量业务外包人员人数）
× 电力行业全社会平均工资水平 × 工资调整系数

（九）委托运行维护费

1. 列支范围

委托运行维护费是指委托其他单位提供驾驶及台账资料管理等其他后勤服务支付的服务费、委托外单位进行物资辅助管理而支付的费用等。此外，供电服务费也一并计入委托运行维护费中。

2. 作业化改造内容

此次作业化改造将委托运行维护费分成驾驶员费用、仓储配送费用、供电服务费三部分，根据每类费用特点分别设置定额，委托运行维护费定额标准、作业清单分别如表 4-26、表 4-27 所示。

表 4-26　委托运行维护费定额标准

动因参数	定额标准（元）
生产用车现有数量	M_1
物资采购总额	M_2
抄表复核人员人数	
营业厅窗口人员人数	M_3
后台工单处理人员人数	

表 4-27　委托运行维护费作业清单

作业明细	主要动因	定额标准（元）
驾驶员费用	生产用车现有数量	M_1
仓储配送费用	物资采购总额	M_2
	抄表复核人员人数	
供电服务费	营业厅窗口人员人数	M_3
	后台工单处理人员人数	

注：委托运行维护费主要有驾驶员费用、仓储配送费用、供电服务费。

3. 计算公式

计算公式如下：

委托运行维护费 = ［生产服务用车现有数量 × 驾驶员定额标准 + 物资采购总额 × 物资定额标准 +（抄表复核人员人数 + 营业厅窗口人员人数 + 后台工单处理人员人数）× 电力行业全社会平均工资水平］× 工资调整系数

二、资产动因类费用

（一）电力设施保护费

1. 列支范围

电力设施保护费包括供电设施标识费、补偿费（含青苗补偿费等）、护线费、电力设施保护相关的广告宣传费等。

2. 作业化改造内容

此次工业化改造主要对电力设施保护费按照列支范围做出进一步细分：①标识费；②护线费；③补偿费（含青苗赔偿费）；④电力设施保护相关的广告宣传费。先将各项费用进行作业化明细改造，再根据明细作业频次、单次作业定额等确定各项作业明细定额标准。电力设施保护费定额标准、单个变电站标识费明细作业清单、单个台区标识费明细作业清单、每公里补偿费明细作业清单、每公里护线费明细作业清单、电力设施保护相关的广告宣传费用明细作业清单分别如表 4-28 ~ 表 4-33 所示。

表 4-28　电力设施保护费定额标准

标识费定额标准		护线费定额标准	补偿费定额标准	宣传费定额标准（元）
变电站定额标准（元）	台区定额标准（元）	输电线路定额标准（元）	输电线路定额标准（元）	
M_1	M_2	M_3	M_4	M_5/M_6

表 4-29　单个变电站标识费明细作业清单

序号	标识类型	作业内容	年作业频数（次）	单次作业消耗数量（个）	费用定额（元）	费用合计 $[$元/（个·年）$]$	外包内容
1	变电站设备标识牌	变电站设备标示牌更换、安装	P_1	p_1	M_1	$P_1 p_1 M_1$	变电站内设备标示牌安装、更换
2	变电站安全标识	直箭头	P_2	p_2	M_2	$P_2 p_2 M_2$	料工费含服务费
3	变电站安全标识	弯箭头	P_3	p_3	M_3	$P_3 p_3 M_3$	料工费含服务费
…	…						
合计			—	—	—	$\sum_{i=1}^{n} P_i p_i M_i$	

表 4-30　单个台区标识费明细作业清单（含供电半径 500m 以内的区域）

序号	标识类型	作业内容	年作业频数（次）	数量（个）	费用定额（元）	费用合计 $[$元/（km·年）$]$	外包内容
1	台区标示牌	台区标示牌安装	P_1	p_1	M_1	$P_1 p_1 M_1$	—
2	配电线路标示牌	配电线路标示牌安装	P_2	p_2	M_2	$P_2 p_2 M_2$	—
3	防撞标识	防撞类标识	P_3	p_3	M_3	$P_3 p_3 M_3$	—
…	…						
合计			—	—	—	$\sum_{i=1}^{n} P_i p_i M_i$	—

表 4-31　每公里补偿费明细作业清单

序号	事项名称	数量	单价（元）	单位线路长度定额［元／（km·年）］
1	青苗赔偿费	P_1 亩	M_1	$P_1 M_1$
2	清障劳务费	P_2 次	M_2	$P_2 M_2$
	合计	—	—	$P_1 M_1 + P_2 M_2$

表 4-32　每公里护线费明细作业清单

序号	事项名称		年作业频次（次）	单次作业（人／天）	单价（元）	单位线路长度定额［元／（km·年）］
1	35 ～ 330kV	线路巡视	P_1	p_1	M_1	$P_1 p_1 M_1$
		塔基周围清理	P_2	p_2	M_2	$P_2 p_2 M_2$
		巡视通道维护	P_3	p_3	M_3	$P_3 p_3 M_3$
		合计	—	—	—	$\sum\limits_{i=1}^{n} P_i p_i M_i$
2	500kV 及以上	线路巡视	m_1	N_1	n_1	$m_1 N_1 n_1$
		塔基周围清理	m_2	N_2	n_2	$m_2 N_2 n_2$
		巡视通道维护	m_3	N_3	n_3	$m_3 N_3 n_3$
		合计	—	—	—	$\sum\limits_{i=1}^{n} m_i N_i n_i$

注：因不同电压等级护线人员配置、同杆双回情况等不同，将护线按电压等级区分为 35~330 kV、500kV 及以上两类。

表 4-33　电力设施保护相关的广告宣传费用明细作业清单

序号	发布渠道	发布频次（次）	市公司发布费用（元）	县公司发布费用（元）
1	报纸	M_1	P_1	p_1
2	电视	M_2	P_2	p_2
3	广播电台	M_3	P_3	p_3
4	网络及其他媒体	M_4	P_4	p_4
	合计	$\sum\limits_{i=1}^{n} M_i$	$\sum\limits_{i=1}^{n} P_i$	$\sum\limits_{i=1}^{n} p_i$

3. 计算公式

计算公式如下：

电力设施保护费 = 35kV 及以上变电站数量 × 变电站定额标准 + 配电台区数量 ×

台区定额标准 + 35kV 及以上输电线路长度 × 线路定额标准 +

单位个数 × 市公司定额标准 + 单位个数 × 县公司定额标准

（二）财产保险费

1. 列支范围

财产保险费是指输配电线路及设备、房屋建筑物等投保各类财产保险发生的保费支出。它包括财产一切险、财产综合险、机器损坏险、公众责任险、供电责任险。

2. 作业化改造内容

此次作业化改造主要对财产保险费按照险种做了进一步细分，具体如下：①财产一切险；②机器损坏险；③公众责任险；④供电责任险；⑤建筑（安装）工程一切险。然后根据每类保险对应的保险内容确定最相关的二级动因，分别确定其费率水平，再通过将计费基数折算成固定资产原值（除运输设备和土地外）来确定最终的综合费率水平。财产保险费定额标准如表 4-34 所示。

表 4-34　财产保险费定额标准

项目	保险金额 / 赔偿限额	计费基数（元）	定额标准（元）		统一折算定额（元）	
财产一切险	保险金额按上年度决算的固定资产（剔除土地、运输工具）和存货账面原值，并对在建工程加成10%、对低值易耗品加成 1% 确定	固定资产原值（除运输设备和土地外）	2019 年	P_1	计费基数	固定资产原值（除运输设备和土地外）
			2018 年	P_2		
			2017 年	P_3	定额标准	h_1
机器损坏险	保险金额按上年度决算的设备类资产（包括变电设备、配电设备、用电计量设备、通信设备等）和固定资产账面原值确定	配电设备、变电设备账面原值	2019 年	p_1	计费基数	固定资产原值（除运输设备和土地外）
			2018 年	p_2		
			2017 年	p_3	定额标准	h_2
公众责任险	（1）累计赔偿限额：按上年度累计赔偿限额与上年度保险赔付率综合确定；（2）每次事故赔偿限额：人民币 800 万元，其中每次事故每人赔偿限额为人民币 150 万元	总体确定累计赔偿限额以及每次事故赔偿限额	2019 年	Q_1	计费基数	固定资产原值（除运输设备和土地外）
			2018 年	Q_2		
			2017 年	Q_3	定额标准	h_3
供电责任险	（1）累计赔偿限额：按上年度累计赔偿限额与上年度保险赔付率综合确定；（2）每次事故赔偿限额：人民币 800 万元，其中每次事故每人赔偿限额为人民币 150 万元	总体确定累计赔偿限额以及每次事故赔偿限额	2019 年	q_1	计费基数	固定资产原值（除运输设备和土地外）
			2018 年	q_2		
			2017 年	q_3	定额标准	h_4

续表

项目	保险金额／赔偿限额	计费基数（元）	定额标准（元）		统一折算定额（元）	
建筑（安装）工程一切险		工程投资预算金额	2019 年	H_1	计费基数	固定资产原值（除运输设备和土地外）
			2018 年	H_2		
			2017 年	H_3	定额标准	h_5
综合费率		固定资产原值（除运输设备和土地外）			计费基数	固定资产原值（除运输设备和土地外）
					定额标准	h_6

考虑到规模效益，资产规模较大的地区具有规模优势，相应的费用增幅小于资产规模的增幅，反之则相反。因此，可以将资产规模作为调整因素进行财产保险费的反向修正。

本次选择"资产总额"作为资产规模的量化因素，通过收集该省各地区资产总额数据，并对其进行归一化处理（原值／原值加总的平均值），然后按地区结构聚类结果设置调整系数，资产调整系数如表 4–35 所示。

表 4–35　资产调整系数

区域	资产总额（万元）	归一化的资产总额（万元）	资产反向调整系数
A 地区	M_1	m_1	1.20
B 地区	M_2	m_2	1.20
C 地区	M_3	m_3	1.15
…			
平均值	$\dfrac{\sum_{i=1}^{n} M_i}{n}$	$\dfrac{\sum_{i=1}^{n} m_i}{n}$	

3. 计算公式

计算公式如下：

财产保险费 = 固定资产原值（除运输设备和土地外）× 综合费率 × 资产调整系数

（三）无形资产后续维护费

1. 列支范围

无形资产后续维护费是指企业发生的专利权、软件著作权等无形资产需缴纳的年检费、维护费支出等。

2. 作业化改造内容

本次作业化改造主要对无形资产后续维护费按照列支范围做出进一步细分，具体内容如下：①发明专利；②实用新型及外观专利。然后通过区分专利类型及专利年限以确定各类专利的年费标准。无形资产后续维护费定额标准如表4-36所示。

表 4-36　无形资产后续维护费定额标准

主要动因	定额标准	
	专利类型	专利年费标准［元/（个·年）］
发明专利个数	发明专利年费标准（1～3年）	M_1
	发明专利年费标准（4～6年）	M_2
	发明专利年费标准（7～9年）	M_3
	发明专利年费标准（10～12年）	M_4
	发明专利年费标准（13～15年）	M_5
	发明专利年费标准（16～20年）	M_6
实用新型与外观专利个数	实用型与外观专利年费标准（1～3年）	m_1
	实用型与外观专利年费标准（4～5年）	m_2
	实用型与外观专利年费标准（6～8年）	m_3
	实用型与外观专利年费标准（9～10年）	m_4

注：①《国家发展改革委 财政部关于重新核发国家知识产权局行政事业性收费标准等有关问题的通知》（发改价格〔2017〕270号），专利年费标准按取得时间分档征收。②专利申请费不在该科目列支范围内。

3. 计算公式

计算公式如下：

无形资产后续维护费=发明专利个数（根据专利申请年份分别统计）×

相应知识产权维护年费+实用型与外观专利个数

（根据专利申请年份分别统计）×相应知识产权维护年费

（四）中介费

1. 列支范围

中介费包括支付给中介机构的审计评估费、法律诉讼费、代理服务费以及其他中介费等。本次核算还包含查新费、专利费、管理咨询费和其他咨询费。

2. 作业化改造内容

本次作业化改造主要对中介费按照列支范围做出进一步细分，具体内容如下：①常态审计咨询；②专项审计咨询。然后根据每类明细费用进一步分解，按照具体业务内容确定最相关的二级动因，分别确定其成本定额，再将计费基数折算成资产总额（合并口径）以确定最终的定额标准。中介费定额标准及中介费明细作业清单分别如表4-37、表4-38所示。

表4-37　中介费定额标准

主要动因	定额标准（万元）
资产总额（合并口径）	M_1

注：直属单位通过专项形式安排中介费，不能通过标准成本形式安排中介费用。

表4-38　中介费明细作业清单

序号	事项	明细清单	计费比例
1	常态审计咨询事项	财务决算审计	M_1
2		资产评估费–接收用户资产	M_2
3		资产评估费–资产报废	
4		规划设计费	
5		税务代理咨询费	
6		工程后评价费	
7		项目可研评审	
8		所得税汇算清缴	
9		法律诉讼	
…		…	
1	专项审计咨询事项	离任审计	
2		城农网等工程专项审计	
…		…	
1	咨询费	查新费	通过项目化发生，据实列支
2		专利费	
3		管理咨询费	
4		其他咨询费	
…		…	

3. 计算公式

计算公式如下：

$$中介费 = 资产总额（合并口径）\times 定额标准 \times 资产调整系数$$

（五）物业管理费

1. 列支范围

物业管理费是指支付给物业管理单位的生产和办公使用的房屋、设施、设备等的管理维护费用及停车场管理费用等，其中合同所包含的绿化、清洁卫生分别在相应科目列支。

2. 作业化改造内容

此次作业化改造主要对物业管理费按照列支范围做出进一步细分，具体如下：①经营、办公房屋、设施、设备等管理维护费；②停车场管理费。然后按照房屋产权面积和物业费率水平分别确定其成本定额。物业管理费定额标准及物业管理费作业明细分别如表 4-39、表 4-40 所示。

表 4-39　物业管理费定额标准

主要动因	供电单位定额标准（元）	直属单位定额标准（元）
房屋建筑面积（包括有产证和无产证的所有房屋面积。不考虑租赁房屋的物业费，物业费在租赁费中一并考虑）	M_1	M_2

表 4-40　物业管理费作业明细

作业内容	影响动因	供电单位单价标准（元）	直属单位单价标准（元）	备注
管理维护费	房屋建筑面积（不含租赁房屋）	M_1	m_1	含经营、办公房屋、设施、设备等
停车场管理费	房屋建筑面积（不含租赁房屋）	M_2	m_2	—
合计		M_1+M_2	m_1+m_2	—

注：物业管理费不含绿化费和清洁卫生费。

3. 计算公式

计算公式如下：

$$物业管理费 = 房屋建筑面积 \times 定额标准 \times 12$$

（六）管理用房屋维修费

1. 列支范围

管理用房屋维修费是指管理用房屋及相关设施的零星维修费用。

2. 作业化改造内容

此次作业化改造主要对管理用房屋维修费按照维修作业明细做进一步细分，具体如下：①结构分系统；②围护分系统（含室外）；③装饰装修分系统；④给水排水分系统；

⑤供热采暖分系统;⑥空调通风分系统;⑦电梯分系统;⑧电气分系统;⑨建筑智能化(含消防)分系统。然后根据维修作业频次及单次作业定额核定每项作业定额标准,汇总形成最终的定额标准。管理用房屋维修费定额标准、管理用房屋维修明细作业清单分别如表4-41、表4-42所示。

表4-41　管理用房屋维修费定额标准

动因参数	定额标准(元)
管理性房屋资产原值	M_1

注:根据不同维修作业次数及单次定额标准折算最终定额标准。

表4-42　管理用房屋维修明细作业清单

序号	维修作业	维修内容	计费基础	年作业次数(次)	单次作业标准(人/天)	折算单位房屋资产原值定额标准(元)
1	结构分系统	非承重砌体结构修理	管理性房屋资产原值	P_1	M_1	$P_1 M_1$
2	维护分系统(含室外)	屋面维修、外立面修理及场坪、通道等的维修	管理性房屋资产原值	P_2	M_2	$P_2 M_2$
3	装饰装修分系统	内墙面子系统、吊顶子系统、楼地面子系统、隔墙子系统、门窗子系统、细部及其他子系统等的维修	管理性房屋资产原值	P_3	M_3	$P_3 M_3$
…	…					
合计						$\sum_{i=1}^{n} P_i M_i$

注:管理用房屋维修包括纳入综合计划生产辅助维修项目的费用和房屋零星维修费用。

3. 计算公式

计算公式如下:

管理用房屋维修费 = 管理性房屋资产原值 × 定额标准 × 资产调整系数

（七）绿化费

1. 列支范围

绿化费是指为生产、办公等公共场所环境绿化、绿地维护等发生的成本支出。

2. 作业化改造内容

此次作业化改造主要对绿化费按照列支范围做出进一步细分,具体如下:①办公楼绿化;②变电站绿化。其中,办公楼绿化包括绿植花卉租赁(盆栽)、办公场所绿化带维护保养。绿化费定额标准及明细作业清单分别如表4-43、表4-44所示。

表 4-43 绿化费定额标准

绿化率	办公经营场所单位标准	绿植费用（元）		
		市公司	县公司	直属单位
30.00%	1元 / (m³·次)	M_1	M_2	M_3

注：①办公场所绿化要求比变电站要求更高，统一折算成每年维护保养次数。②办公经营场所绿化维护保养费用按照绿化面积及定额测算，其中绿化面积按照《党政机关办公用房建设标准》（发改投资〔2014〕2674号）执行，标准规定办公用房建设用地绿化率不宜低于30%，故绿地率按30%核定。

表 4-44 绿化费明细作业清单

序号	作业名称	计费基础	定额标准（元）
1	绿植费用	单位数量	市公司：M_1； 县公司：M_2； 直属单位：M_3
2	办公场所绿化维护保养	绿地面积	M_4
3	变电站绿化	绿地面积	M_5

注：绿植费用按照定额300万元/省，分别核定市县公司和直属单位的绿植费用。

3. 计算公式

计算公式如下：

绿化费 = 办公经营场所土地面积 × 绿化率 × 定额标准 × 次数 + 单位固定绿植费用

三、营业规模动因类费用

（一）业务费

1. 列支范围

业务费包括停电通知广告费、代收代扣电费手续费、电费发票印制费、电费充值卡手续费、电动汽车服务费和业务推广费等。

2. 作业化改造内容

此次作业化改造主要对业务费按照列支范围做出进一步细分，具体如下：①停电通知广告费；②代收代扣电费手续费；③电费发票印制费；④电费充值卡手续费；⑤电动汽车服务费；⑥业务推广费。然后根据每项明细费用对应的业务内容确定最相关的二级动因，分别确定其成本标准。

（1）停电通知广告费。停电通知广告费定额标准及停电通知寄送费明细作业清单、停电信息发布费用明细作业清单分别如表4-45～表4-47所示。

表 4-45   停电通知广告费定额标准

动因参数	动因明细	成本标准（元）
电力用户数	—	M_1
单位个数	市公司	m_1
	县公司	m_2

注：停电通知广告费由停电通知寄送服务和各类媒体发布的服务构成。

表 4-46   停电通知寄送费明细作业清单

序号	作业明细	主要动因	单位成本（元）
1	停电通知单、电费通知单的寄送费用	电力用户数	M_1
2	增值税用户增值税发票的寄送费用	增值税用户数	M_2
合计		—	M_i

注：增值税用户数占电力用户数的 0.065%。

表 4-47   停电信息发布费用明细作业清单

序号	发布渠道	发布频次（次）	市公司发布费用（元）	县公司发布费用（元）
1	报纸	P_1	M_1	m_1
2	电视	P_2	M_2	m_2
3	广播电台	P_3	M_3	m_3
4	网络及其他媒体	P_4	M_4	m_4
合计		$\sum_{i=1}^{n} P_i$	$\sum_{i=1}^{n} M_i$	$\sum_{i=1}^{n} m_i$

（2）代收代扣电费手续费定额标准、代收代扣电费手续费明细作业分别如表 4-48、表 4-49 所示。

表 4-48   代收代扣电费手续费定额标准

主要动因	定额标准（元）
电力用户数	M_1

表 4-49　代收代扣电费手续费明细作业

序号	作业明细	主要动因	用户类别占比	各类用户缴费途径分布	频次（次）	单价（元）	成本标准（元）
1	银行代收代扣电费手续费	居民用户数	85%	65%	P_1	M_1	m_1
		非居民用户数	15%	7%	P_2	M_2	m_2
2	支付宝代收代扣电费手续费	居民用户数	85%	8%	P_3	M_3	m_3
		非居民用户数	15%	1%	P_4	M_4	m_4
3	电 e 宝代收代扣电费手续费	居民用户数	85%	2%	P_5	M_5	m_5
		非居民用户数	15%	1%	P_6	M_6	m_6
合计							$\sum_{i=1}^{n} m_i$

注：①代收代扣电费手续费包括居民用户和非居用户，目前银行按笔数收费，居民用户一月代扣一笔，非居民用户一月代扣三笔。居民用户占电力用户数的 85%，非居民用户数占 15%。②银行按笔数收费，不同银行手续费不同，基本在 0.2 ~ 0.4 元。③支付宝、电 e 宝等托收方按笔数收费，支付宝是 0.2 元 / 笔、电 e 宝是 0.4 元 / 笔。④用户类别占比是指各类用户占所有电力用户的比例，缴费途径用户占比是指通过不同缴费途径缴费的用户占所有电力用户的比例。⑤成本标准是将低压和高压用户的成本标准折算为所有电力用户上的单户成本标准。

（3）电费发票印制费。电费发票印制费、电费充值卡手续费的定额标准分别如表 4-50、表 4-51 所示。

表 4-50　电费发票印制费定额标准

主要动因参数	成本标准（元）
居民电力用户数	M_1

（4）电费充值卡手续费。电费充值卡手续费定额标准如表 4-51 所示。

表 4-51　电费充值卡手续费定额标准

主要动因参数	成本标准（元）
居民电力用户数	M_1

（5）电动汽车服务费。电动汽车服务费定额标准如表 4-52 所示。

表 4-52　电动汽车服务费定额标准

主要动因参数	成本标准（元）
充电桩数量	M_1

（6）业务推广费。业务推广费定额标准如表 4-53 所示。

表 4-53　业务推广费定额标准

主要动因参数	动因说明	成本标准（元）
电力用户数	—	M_1
单位个数	市公司	M_2
	县公司	M_3

注: 业务推广费的主要作业明细有两个方向: 一是优化营商环境，包括"网上国网"等电子渠道推广、高压企业 VIP 客户和居民客户增值服务等，主要与电力用户数有关；二是智能用电推广等其他推广，包括煤改电和气改电等电气化推广、节能宣传周、计量日宣传、智能缴费渠道等，按不同级别供电单位核定标准。优化营商环境费用明细作业清单、智能用电及其他推广费用明细作业清单分别如表 4-54、表 4-55 所示。

表 4-54　优化营商环境费用明细作业清单

序号	作业明细	主要动因	成本标准（元）
1	"网上国网"等电子渠道推广	电力用户数	M_1
2	高压企业 VIP 客户、居民客户增值服务	电力用户数	M_2
合计			$\sum_{i=1}^{n} M_i$

表 4-55　智能用电及其他推广费用明细作业清单

序号	作业明细	市公司推广费用（元）	县公司推广费用（元）
1	智能缴费渠道	M_1	m_1
2	电气化推广	M_2	m_2
3	节能宣传周	M_3	m_3
4	计量日宣传	M_4	m_4
合计		$\sum_{i=1}^{n} M_i$	$\sum_{i=1}^{n} m_i$

考虑到规模效益，营收规模较大的地区具有规模优势，相应的费用增幅小于营收规模的增幅，反之则相反。因此，可以将营收规模作为调整因素进行业务费的反向修正。

本书选择"电力产品主营业务收入净额"作为营收规模的量化因素，收集该省各地区电力产品主营业务收入净额数据，进行归一化处理（原值/原值加总的平均值），按地区结构聚类结果设置调整系数，营收反向调整系数如表 4-56 所示。

表 4-56　营收反向调整系数

区域	电力产品主营业务收入净额（万元）	归一化的电力产品主营业务收入净额（万元）	营收反向调整系数	营收正向调整系数
A 地区	M_1	m_1	1.20	0.80
B 地区	M_2	m_2	1.15	0.85
C 地区	M_3	m_3	1.10	0.90
…				
平均值	$\dfrac{\sum_{i=1}^{n} M_i}{n}$	$\dfrac{\sum_{i=1}^{n} m_i}{n}$	1.00	1.00

3. 计算公式

计算公式如下：

业务费 =（停电通知广告费 + 代收代扣电费手续费 +
电费发票印制费 + 电费充值卡手续费 + 电动汽车服务费 +
业务推广费）× 营收反向调整系数

（1）停电通知广告费的计算公式如下：

停电通知广告费 = 电力用户数 × 定额标准 + 市公司定额标准 ×
单位个数 + 县公司定额标准 × 单位个数

（2）代收代扣电费手续费的计算公式如下：

代收代扣电费手续费 = 电力用户数 × 定额标准

（3）电费发票印制费的计算公式如下：

电费发票印制费 = 居民电力用户数 × 定额标准

（4）电费充值卡手续费的计算公式如下：

电费充值卡制作费 = 居民电力用户数 × 定额标准

（5）电动汽车服务费的计算公式如下：

电动汽车服务费 = 定额标准 × 充电桩数量

（6）业务推广费的计算公式如下：

业务推广费 = 电力用户数 × 定额标准 + 市公司定额标准 ×
单位个数 + 县公司定额标准 × 单位个数

（二）业务招待费

1. 列支范围

业务招待费是指为公务接待活动需要，在规定的范围内据实列支的业务招待费用（含外宾招待费）。

2. 作业化改造内容

此次标准成本作业化改造对业务招待费不进行细分。业务招待费定额标准如表 4-57 所示。

表 4-57　业务招待费定额标准

动因参数	动因说明	定额标准（元）
单位个数	市公司	M_1
	县公司	M_2
	直属单位	经研院、电科院、培训中心为 M_3，其余为 M_4

3. 计算公式

计算公式如下：

业务招待费 = 市公司定额标准 × 单位个数 + 县公司定额标准 × 单位个数 + 直属单位定额标准 × 单位个数

（三）客服及商务服务费

1. 列支范围

客服及商务服务费是指公司在商务洽谈、双新业务开拓等来往活动中，接待除国家机关工作人员以外的其他商务来访人员的活动（主要包括境内外客商、企业负责人、项目潜在投资者和合作者、经贸联络考察团等）。

2. 作业化改造内容

客服及商务服务费作业明细清单如表 4-58 所示。

表 4-58　客服及商务服务费作业明细清单

序号	类型	动因参数	定额标准（元）
1	综合能源公司	主营业务收入净额	M_1
2	增量配电网公司	单位个数	M_2

3. 计算公式

计算公式如下：

客服及商务服务费 = 综合能源公司主营业务收入净额 ×

定额标准 + 增量配电网公司单位个数 × 定额标准

（四）广告宣传费

1. 列支范围

广告宣传费是指为企业形象、企业文化等开展的宣传推广、发布广告等活动而发生的费用，它包括企业形象宣传费、企业文化宣传费、广告费等，但不包含与营销服务相关的宣传费、与电力设施保护相关的宣传资料费、文体宣传费、稿费和停电通知广告费。

2. 作业化改造内容

此次作业化改造主要对广告宣传费按照列支范围做出进一步细分，厘清其作业明细，包括内容制作费、报纸杂志发布费、电视台发布费、广播电台发布费、门户网站发布费等。然后根据每项明细费用对应的业务内容进行分析，确定其成本标准。其定额标准及作业明细清单分别如表4–59、表4–60所示。

表 4–59　广告宣传费定额标准

主要动因	动因说明	定额标准（元）
单位个数	市公司	M_1
	县公司	M_2
	直属单位	M_3

表 4–60　广告宣传费作业明细清单

序号	类型	市公司（元）	县公司（元）	直属单位（元）
1	广告内容制作费	M_1	m_1	N_1
2	发布渠道：报纸杂志	M_2	m_2	N_2
3	发布渠道：电视台	M_3	m_3	N_3
4	发布渠道：广播电台	M_4	m_4	N_4
5	发布渠道：微博、微信公众号	M_5	m_5	N_5
6	发布渠道：移动端视频媒体	M_6	m_6	N_6
7	发布渠道：门户网站	M_7	m_7	N_7
合计		$\sum_{i=1}^{n} M_i$	$\sum_{i=1}^{n} m_i$	$\sum_{i=1}^{n} N_i$

注：广告宣传费主要由内容制作费和发布渠道费用决定。

3. 计算公式

计算公式如下：

广告宣传费 = 市公司定额标准 × 单位个数 + 县公司定额标准 × 单位个数 + 直属单位定额标准 × 单位个数

（五）研究开发费

1. 列支范围

研究开发费包括公司总部集中安排和统一分摊的研究开发费，以及各单位自行安排的科技投入、信息化开发（不含信息系统运行维护）等费用。

2. 作业化改造内容

此次作业化改造对不同单位性质的研究开发费进行业务梳理，再根据业务特性设置定额标准。研究开发费定额标准如表 4-61 所示。

表 4-61　研究开发费定额标准

主要动因	动因说明	作业明细	成本标准（元）
单位个数、主营业务收入	市公司	主要由总部项目、本部项目和零星项目组成，市公司每年 10 个，每个 50 万	M_1
	县公司	群创项目，县公司每年 3 个，每个 3 万	M_2
	直属单位	主营业务收入	M_3（经研院），M_4（电科院）
		其余直属单位	按需核定，据实列支

研究开发业务与各个地区的营收规模密切相关，一般来说，营收规模较大的地区其研发需求较多，反之则相反。因此，可以将营收规模作为调整因素进行研究开发费的正向修正。选择"电力产品主营业务收入净额"作为营收规模的量化因素，通过收集该省 2018 年各地区电力产品主营业务收入净额数据，并对其进行归一化处理（原值 / 原值加总的平均值），按地区结构聚类结果设置调整系数，营收正向调整系数如表 4-62 所示。

表 4-62　营收正向调整系数

区域	电力产品主营业务收入净额（万元）	归一化的电力产品主营业务收入净额（万元）	正向调整系数
A 市	M_1	m_1	0.75
B 市	M_2	m_2	0.80
C 市	M_3	m_3	0.85
…			
平均值	$\dfrac{\sum_{i=1}^{n} M_i}{n}$	$\dfrac{\sum_{i=1}^{n} m_i}{n}$	

3. 计算公式

计算公式如下：

研究开发费 =（市公司定额标准 × 单位个数 + 县公司定额标准 × 单位个数 + 直属单位定额标准 × 单位个数）× 营收正向调整系数

（六）安全费

1. 列支范围

安全费包括：保安费，完善、改造和维护安全防护设备、设施的支出，配备必要的应急救援器材、设备和现场作业人员安全防护物品支出，安全生产检查与评价支出，重大危险源、重大事故隐患的评估、整改、监控支出，进行安全技能及应急救援演练支出，其他为组织安全生产管理活动发生的支出（不含各种检修、维护等生产支出及安全教育培训支出）。

2. 作业化改造内容

此次作业化改造主要对安全费按照列支范围做出进一步细分，具体如下：①保安费；②安全工器具及试验费；③应急费用；④安全基础管理费用。然后根据每项明细费用对应的业务内容确定最相关的二级动因，分别确定其成本标准。其中，保安费用在委托运行维护费中列支。安全费定额标准、安全费明细作业清单、安全工器具及试验费明细作业清单分别如表 4-63 ~ 表 4-65 所示。

表 4-63 安全费定额标准

动因参数	定额标准（元）
营业厅个数	
35kV 及以上变电站个数	M_1
调度大楼及其他办公场所	
生产型员工人数	M_2
基干队伍人数	M_3
固定资产原值	M_4

注：检修分公司按固定资产原值的 0.02% 核定费用。

表 4-64 安全费明细作业清单

序号	作业明细	主要动因	定额标准（元）
1	保安费	营业厅个数	M_1
2		35kV 及以上变电站个数	
3		调度大楼及其他办公场所	
4	安全工器具及试验费	生产性员工人数	M_2
5	应急费用	基干队伍人数	M_3
6	安全基础管理费用	固定资产原值	M_4

注：①固定资产原值不包括运输设备和土地。数据来源：基期年报"固定资产分类情况明细表"。②应急费用包括训练费和应急救援器材配置费。③生产性员工是指技能人员。④安全基础管理费用包括安全生产检查与评价支出、重大隐患评估监控支出、消防器材及演练支出等。

表 4-65　安全工器具及试验费明细作业清单

序号	安全工器具清单	使用年限	年人均用量	工器具单价（元）	试验频次（次）	试验单价（元）	单位成本（元）
1	安全绳	3 年	0.33 根	M_1	m_1	N_1	n_1
2	登杆器具、脚扣	3 年	0.33 只	M_2	m_2	N_2	n_2
3	接地线	5 年	0.2m	M_3	m_3	N_3	n_3
…							
合计	—	—	—	—	—	—	$\sum_{i=1}^{n} n_i$

3. 计算公式

计算公式如下：

安全费 =（营业厅个数 +35kV 及以上变电站个数 + 调度大楼及其他办公场所个数）× 保安定额标准 × 工资调整系数 +（生产性员工人数 × 定额标准 + 基干队伍人数 × 定额标准 + 固定资产原值 × 定额标准）× 资产调整系数

（七）清洁卫生费

1. 列支范围

核算供电企业发生的垃圾分类清运及处置、水池清洁等与环卫清洁相关的费用。

2. 作业化改造内容

清洁卫生费定额标准如表 4-66 所示。

表 4-66　清洁卫生费定额标准

动因参数	定额标准（元）
房屋土地面积	M_1

3. 计算公式

计算公式如下：

$$清洁卫生费 = 房屋土地面积 × 定额标准 × 12$$

四、行为动因类费用

（一）会议费

1. 列支范围

会议费是指为召开各种会议所发生的会场租金、文件资料费、餐费、宣传费、医疗卫生费、公杂费等支出。

2. 作业化改造内容

会议费定额标准如表 4-67 所示。

表 4-67 会议费定额标准

动因参数	动因说明	定额标准（元）
单位个数	市公司	M_1
	县公司	M_2
	直属单位	经研院、电科院为 M_3，其余为 M_4

注：会议费属于三公经费，需严控，且目前电视电话会议方式较多，此次标准基于 2017 年成本标准进行压降。

3. 计算公式

计算公式如下：

会议费 = 市公司定额标准 × 单位个数 + 县公司定额标准 × 单位个数 +

直属单位定额标准 × 单位个数

（二）租赁费

1. 列支范围

租赁费是指因生产经营需要，采用经营性租赁方式租入固定资产等支付的费用，主要包括土地租赁费、房屋及建筑物租赁费、通信线路租赁费、无线电频率租赁费、车辆租赁费、车位租赁费、设备租赁费、其他租赁费等。

2. 作业化改造内容及步骤

此次作业化改造主要对租赁费中的车辆租赁费进行标准核定，根据作业明细对应的业务内容确定最相关的二级动因，确定其成本标准。其中，成本标准包含驾驶员人工费和生产用车租赁费。租赁费定额标准、车辆租赁费明细清单、其他租赁费明细清单分别如表 4-68 ~ 表 4-70 所示。

表 4-68 租赁费定额标准

主要动因参数	定额标准（元）
生产用车现有数量 生产用车定编数量	M_1
租赁合同	—

表 4–69　车辆租赁费明细清单

序号	作业明细	主要动因	日均标准（元）	年度成本标准（元）	备注说明
1	普通客车	生产用车数量	M_1	m_1	按每月 30 天计算
2	越野车	生产用车数量	M_2	m_2	按每月 30 天计算
3	厢式皮卡	生产用车数量	M_3	m_3	按每月 30 天计算
4	面包车	生产用车数量	M_4	m_4	按每月 30 天计算
5	工程车	生产用车数量	M_5	m_5	按每月 30 天计算
平均值	—	—	—	$\dfrac{\sum_{i=1}^{n} m_i}{n}$	—

注：①租赁车辆均包含驾驶员人工费，生产用车成本标准包含人工费 6.8 万元 /（辆·年）。②现有车辆数据来源于车辆管理平台；定编车辆数据计算标准来源于国家电网公司定编原则。

表 4–70　其他租赁费明细清单

序号	作业明细	主要动因
1	土地使用费	按租赁合同打开
2	房屋及建筑物租赁费	按租赁合同打开
3	通信线路租赁费	按租赁合同打开
4	无线电频率占用费	按租赁合同打开
5	车位租赁费	按租赁合同打开
6	设备租赁费	按租赁合同打开
7	其他租赁费	按租赁合同打开

3. 计算公式

计算公式如下：

租赁费 = 土地租赁费 + 房屋及建筑物租赁费 + 通信线路租赁费 +
无线电频率占用费 + 车辆租赁费 + 车位租赁费 + 设备租赁费 +
其他租赁费

车辆租赁费 =（生产用车定编数量 – 生产用车现有数量）× 定额标准

考虑到租赁合同具有延续性，对租赁费根据各类租赁合同的存续情况进行核定。

（三）团体会费

1. 列支范围

团体会费是指参加各项社团组织按规定交纳的会费。

2. 作业化改造内容

此次作业化改造根据相关文件，最终以企业管理协会核定加入各类社团组织的有关情况核算定额标准。团体会费定额标准如表4-71所示。

表4-71　团体会费定额标准

主要动因	动因说明	定额标准（元）
单位数量	市公司	M_1
	县公司	M_2
	直属单位	经研院、电科院为M_3，其余为M_4

3. 计算公式

计算公式如下：

$$团体会费 = 市公司定额标准 \times 单位个数 + 县公司定额标准 \times 单位个数 + 直属单位定额标准 \times 单位个数$$

（四）设备检测费

1. 列支范围

设备检测费是指根据法律法规和生产经营需要，对各类精密仪器、仪器仪表等进行检测、检定以及设备质量抽检发生的费用，不包括营销表计的检测费用。

2. 作业化改造内容

此次作业化改造主要对设备检测费按照列支范围做出进一步细分，列出各类检测设备的作业清单，再确定其成本定额。设备检测费定额标准、检测设备清单分别如表4-72、表4-73所示。

表4-72　设备检测费定额标准

动因参数	定额标准（元）
物资采购总额	M_1
仪器仪表资产原值	M_2

注：设备检测费主要包括设备采购抽检费和仪器仪表检测费。

表 4-73 检测设备清单

序号	作业明细	单价（元）
1	配电变压器	M_1
2	电抗器	M_2
3	电流互感器	M_3
...		

3. 计算公式

计算公式如下：

设备检测费 = 物资采购总额 × 定额标准 + 仪器仪表资产原值 × 定额标准

（五）环评费

1. 列支范围

核算供电企业已经完工决算的工程项目，须按照政策规定补充开展环境影响评估而支付的相关费用。

2. 作业化改造内容

此次作业化改造主要对 110kV 及以上变电站的环评费用进行细分，列出各电压等级的作业清单，根据各电压等级变电站投运结构分别确定其成本标准。环评费定额标准如表 4-74 所示。

表 4-74 环评费定额标准

动因参数	定额标准（元）
新投产的 110kV 变电站个数	M_1
新投产的 220 ~ 330kV 变电站个数	M_2
新投产的 500 ~ 750kV 变电站个数	M_3

注：①从"基建管控系统—进度—实时查询"中获取数据。②根据环保部门要求，新投产的 110kV 及以上的变电站均需要做一次环评。该项费用主要是针对已竣工决算但未开展环评工作而补充开展所发生的费用。

3. 计算公式

计算公式如下：

环评费 = 新投产的 110kV 变电站个数 × 定额标准 +

新投产 220 ~ 330kV 变电站个数 × 定额标准 +

新投产 500 ~ 750kV 变电站个数 × 定额标准

（六）节能服务费

1. 列支范围

用能单位因接受节能服务公司提供的合同能源管理服务而支付的服务费用。

2. 作业化改造内容

作业化改造主要按照存续服务合同对节能服务费进行改造。节能服务合同一般签订有效期为 9 年，按各类服务合同的存续情况进行核定较为准确。节能服务费定额标准如表 4–75 所示。

表 4–75　节能服务费定额标准

动因参数	成本标准（元）
服务合同	M_1

五、政策动因类费用

（一）社会保险费

1. 列支范围

社会保险费包括计提的基本养老保险、基本医疗保险、补充医疗保险、年金、住房公积金、失业保险、工伤保险、生育保险等。

2. 作业化改造内容

此次作业化改造主要对社会保险费按照列支范围做出进一步细分，具体如下：①基本养老保险；②基本医疗保险；③补充医疗保险；④年金；⑤失业保险；⑥工伤保险；⑦生育保险；⑧住房公积金等。社会保险费清单如表 4–76 所示。

表 4–76　社会保险费清单

作业明细	动因参数	计提比例	计提基数
基本养老保险	社保政策	16%	计提基数按照省级以上政府文件规定计算
基本医疗保险		8%	
补充医疗保险		5%	
年金		8%	
失业保险		0.5%	
工伤保险		0.2% ~ 0.8%	
生育保险		0.5%	
住房公积金		12%	

3. 计算公式

计算公式如下：

$$社会保险费 = 各项保险计提基数 \times 计提比例$$

计提比例和基数标准按国家统一政策规定执行。

（二）职工福利性支出

1. 列支范围

职工福利性支出是指企业为职工提供的除职工工资、奖金、津贴、纳入工资总额管理的补贴、工会经费、职工教育经费、社会保险费和企业年金、补充医疗保险费及住房公积金以外的福利待遇支出等。

2. 作业化改造内容

根据列支范围将职工福利性支出进一步细分为独生子女费、抚恤费、丧葬补助费、食堂经费、福利机构经费、医疗费、职工疗养费用、职工困难补助、探亲假路费、离退休人员统筹外费用、防暑降温费等。

3. 计算公式

计算公式如下：

$$\begin{aligned}职工福利性支出 = &独生子女费 + 抚恤费 + 丧葬补助费 + 食堂经费 + \\ &福利机构经费 + 医疗费 + 职工疗养费用 + 职工困难补助 + \\ &探亲假路费 + 离退休人员统筹外费用 + 防暑降温\end{aligned}$$

食堂经费根据在职职工和人均标准核定；福利机构经费根据福利性资产原值、折旧进行核定；其他福利费由各专业部门和人力资源部门核定。

（三）工资附加

1. 列支范围

工资附加包括工会经费和职工教育经费。

2. 作业化改造内容

作业化改造主要对工资附加按照列支范围做出细分，具体为：①工会经费；②职工教育经费。其定额标准如表 4–77 所示。

表 4–77　工资附加定额标准

作业明细	动因参数	计提比例
工会经费	工资总额	2%
职工教育经费		8%

注：根据《财政部 税务总局关于企业职工教育经费税前扣除政策的通知》（财税〔2018〕51 号）规定，自 2018 年 1 月 1 日起，企业发生的职工教育经费支出不超过工资薪金总额 8% 的部分，准予在计算企业所得税应纳税所得额时扣除；超过部分，准予在以后纳税年度结转扣除。

3. 计算

计提比例：工会经费 2%，职工教育经费 8%。

工资总额：由人力资源部门核定。

（四）地方政府收费

1. 列支范围

地方政府收费包括各地政府按规定收取的残疾人就业保障金、排污费、防洪费、人防费、民兵预备费、河道维护费等。

2. 作业化改造内容

此次作业化改造主要对地方政府性收费按照列支范围做出进一步细分：①残疾人就业保障金；②排污费；③防洪费；④人防费；⑤民兵预备费；⑥公安消防费；⑦地方水利建设基金等。其定额标准如表 4–78 所示。

表 4–78　地方政府收费定额标准

作业明细	动因参数	缴费基数	缴费比例
残疾人就业保障金	地方政策	地方政府文件规定	地方政府文件规定
排污费			
防洪费			
人防费			
民兵预备费			
公安消防费			
地方水利建设基金			

3. 计算公式

计算公式如下：

$$地方政府收费 = 各项缴费基数 \times 缴费比例$$

缴费基数及比例根据各地政府文件规定执行。

（五）党团工作经费

1. 列支范围

党团工作经费主要用于按照公司党建文件要求，开展党内学习教育，组织党内主题实践活动等与党建直接相关的支出。

2. 作业化改造内容

党团工作经费主要依据上年度工资总额的一定比例进行计提。其定额标准如表 4–79 所示。

表 4-79 党团工作经费定额标准

动因参数	定额标准（元）
上年度工资总额	M_1

注：党团工作经费累计结余超过上一年度职工工资总额 2% 的，当年不再计提。

3. 计算公式

计算公式如下：

$$党团工作经费 = 上年度工资总额 × 定额标准$$

（六）长期待摊费用及无形资产摊销

1. 列支范围

供电企业长期待摊费用列入本期摊销的金额，主要包括基建工程转入的职工提前进场费、经营收入固定资产改良支出、房屋装修费等；无形资产摊销指专利权、非专利技术、商标权、著作权、土地使用权等无形资产按法定年限或收益年限进行的摊销。

2. 作业化改造内容

作业化改造对长期待摊费用及无形资产摊销按照列支范围做出进一步细分，具体如下：①长期待摊费用摊销；②无形资产摊销，每项费用按照费用原值及摊销年限确定成本定额。其定额标准如表 4-80 所示。

表 4-80 长期待摊费用及无形资产摊销定额标准

作业明细	动因参数	定额标准
长期待摊费用	会计准则	按会计准则规定摊销
无形资产摊销		

注：①定额标准依据会计准则规定执行。②长期待摊费用主要为租入资产改良支出，按照重要性原则将长期待摊费用摊销年限确定为 3 年。③无形资产主要为土地使用权与软件，因两者摊销年限差异较大，将无形资产摊销年限按照类别确定，其中：土地使用权 50 年，其他 10 年。

3. 计算公式

计算公式如下：

$$无形资产摊销 = 上年末可摊销无形资产原值 / 摊销年限$$

$$长期待摊费用摊销 = 上年末长期待摊费用原值 / 摊销年限$$

摊销年限按照会计准则规定计算。

第五章

电网企业作业标准成本深化应用

本章将基于构建的作业化标准成本的体系，进一步介绍电网企业成本控制过程中涉及的四个应用场景——预算分配、可研评审、效能评价、资产维护方案优选，并对四个场景下具体案例展开分析。

第一节　电网企业作业标准成本深化应用场景

作业标准成本体系为电网企业成本管理立"标杆"，为业财贯通提供可衔接标杆的成本数据基础，深化应用是在两者基础上，将作业标准成本的管控作用从预算编制延伸至成本使用、分析、评价等多个层面，反馈至管理决策，最终完成成本管理的闭环。

一、预算管理

预算管理是作业化标准成本最为重要的应用场景之一，是现代企业管理的重要组成部分，是企业在战略目标的指导下，对未来的经营活动和相应财务结果进行充分、全面的预测和筹划，并通过对执行过程的监控，将实际完成情况与预算目标不断对照和分析，从而及时指导经营活动使其得到改善和调整。标准作业成本管理体系在预算管理中的应用过程是先通过初步的定额数据的收集、堆积和分析，设立符合实际的标准作业成本定额值，但此时的标准值只能作为全面预算的一个参考依据，其可依据程度随着数据调试逐步增加。而这个标准值在经过长时间的数据修正，与预算相互校正和整个标准作业成本管理体系趋于稳态之后，才可逐步作为预算编制的标准并以此应用于预算控制。此外，在作业化标准成本体系下，通过剖析预算管理中现存问题的深层原因，同时分析标准成本形成预算与原预算之间的差异，并从公司组织架构和管理流程进行梳理，从而对预算管控体系进行完善，对预算管控边界至基层业务单元着重拓展，以实现作业化标准成本落地应用。标准作业成本法下成本预算管理的主要流程如图 5-1 所示。

二、可行性研究评审

标准作业成本还可用于项目的可行性研究评审（简称可研评审）。首先，通过了解具体项目总体需求调研、项目管理现状，梳理数据情况以及集中研讨，形成各层级的成本水平，支撑执行层多维成本统计分析。其次，通过建立典型项目库，结合各典型项目确定的调节系数以及确定的各类资产的检修项目可研估算的允许偏差范围，搭建可研经济性评价模型，确定具体项目的可研测算成本范围，从而对该项目的可行性做出判定。具体评价逻辑可用下式表示：

$$项目可研测算成本范围 = 项目测算成本 \times （1+ 允许偏差上下限）$$

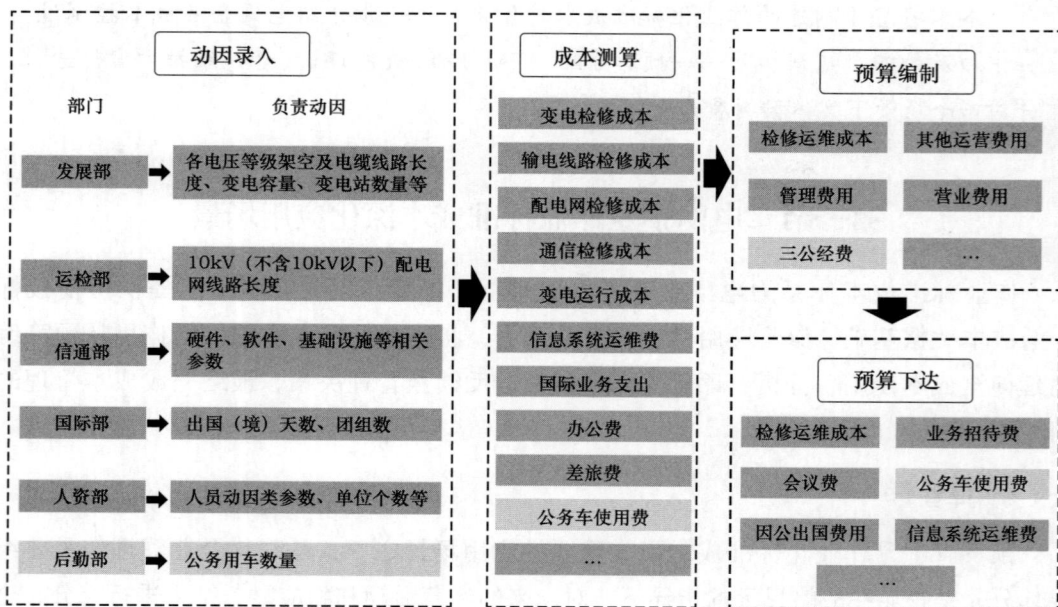

图 5-1　标准作业成本法下成本预算管理的主要流程

最后得出当某项目可研估算在项目可研测算成本范围内，认为该项目可研估算合理，可研经济性评价通过；反之，标记为待通过。项目可研评审流程如图 5-2 所示。

三、效能评价

作业标准成本体系也可以用于评价开展实际成本归集，厘清成本结构，看清实际资源耗费，同时有助于聚焦核心业务，以成本效用为基础进行拓展，构建以提升投入产出效率为导向的绩效评价体系。

四、选择最优方案

标准成本作业法创造性地将标准成本法及作业成本法两项十分重要的成本管理方法结合起来，不仅解决了预算分配的问题，而且从业务底层出发，摸清了企业成本底线，为企业进一步优化经营策略提供了十分重要的参考；同时，基于作业化改造的标准成本体系与多维精益管理变革的有机衔接，为在其基础上推进公司成本精益管控、助推公司管理由粗放型向精益型转变提供了无限空间。此外，标准作业成本法与资产后续计量的方法结合，可以用于比较管理资产不同方案的选择成本，确定并选择最优方案。

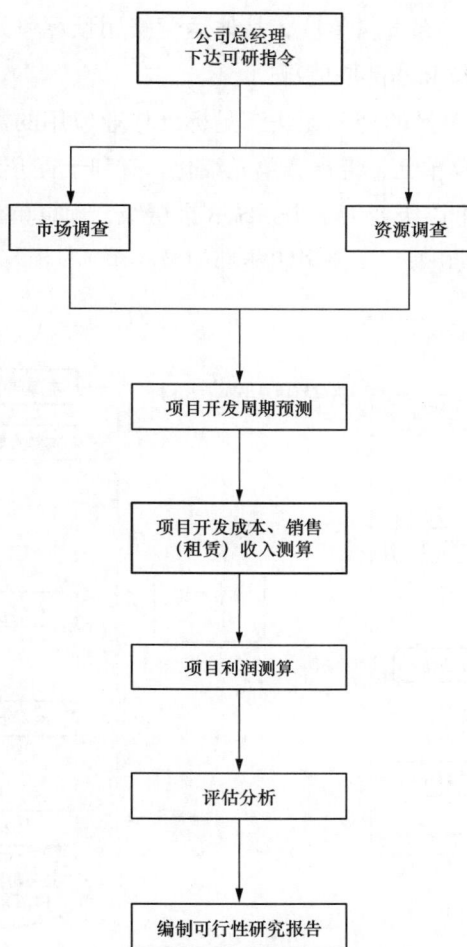

图 5-2　项目可研评审流程

第二节　预算分配场景应用

在作业化标准成本体系下，国家电网公司首先对预算管理中现存问题开展调研，进而分析标准成本形成预算与原预算的差异，剖析其深层原因；随后梳理国家电网公司组织架构和管理流程，在完善预算管控体系的过程中着重拓展预算管控边界至基层业务单元，实现作业化标准成本落地应用。

一、改造预算体系

预算体系改造主要是在原有预算体系基础上，通过划小预算单元和改造预算流程，提升预算管理精细度，构建能逐级汇总标准作业成本的预算体系。

（1）划小预算管理单元，即将配电网检修、营销检修预算单元划分至供电所层级，主网检修预算单元划分至本部直属单位，其他运营费用预算单元划分至分公司的职能部门及供电所、本部直属单位和本部职能部门。

国家电网公司原预算单元的划分无法满足标准作业应用的需求，无法将标准作业细化至最底层，通过划小预算单元，将预算单元细化，有利于提升预算管理精细度。划小预算单元后，原2个体系2个层级变为1个系统3个层级，预算单位划小至本部直属单位各中心、分公司职能部门及供电所、县公司职能部门及供电所。预算管理单元改造图如图5-3所示。

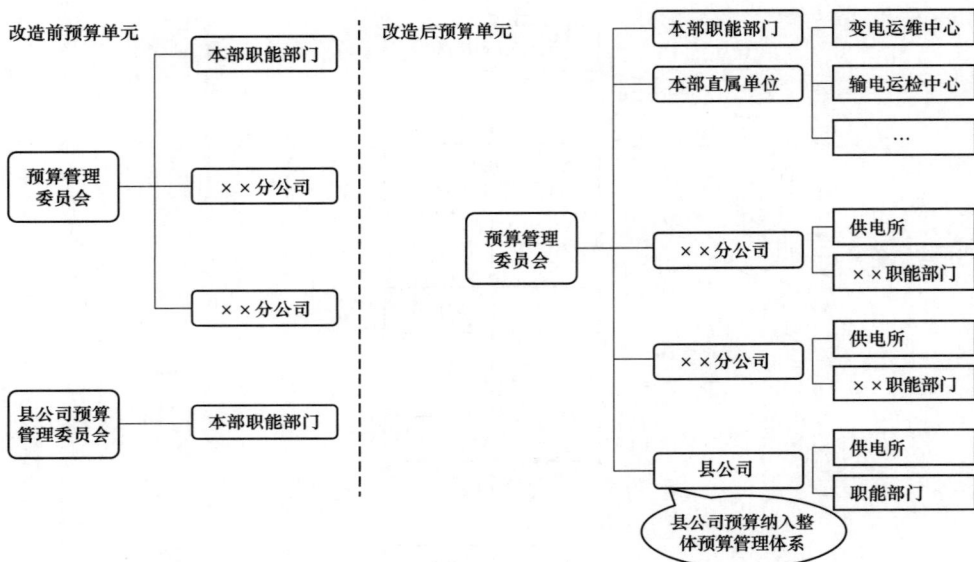

图5-3 预算管理单元改造图

（2）改造预算流程按照预算管理单元建立项目子项，将各项目预算通过子项建立下达至基层单位、供电所层级。财务部门通过思爱普（SAP）基金中心控制预算，同时项目执行结算均对应各项目子项。

对比改造前，市公司预算由本部职能部门、分公司上报市预算管理委员会。改造后，由分公司供电所、分公司职能部门、本部直属单位按标准作业内容分别上报，各职能部门依据标准成本对各预算进行审核。县公司参照分公司模式上报。

预算流程改造后，形成层层穿透的与作业管控一致的预算管控体系。"××公司预算"由本部直属单位预算、分公司预算、职能部门预算组成，其中"分公司预算"由供电所预算、职能部门预算组成。

预算流程改造实现了预算需求上报单位落到了标准作业的最底层；县公司预算由割裂状态逐步纳入国家电网公司预算管理体系；上级单位依据标准成本作业进行审核，明确预算审核标准，提高了审核效率，同时使其审核依据更科学、合理。改造前后预算管理流程变化分别如图 5-4、图 5-5 所示。

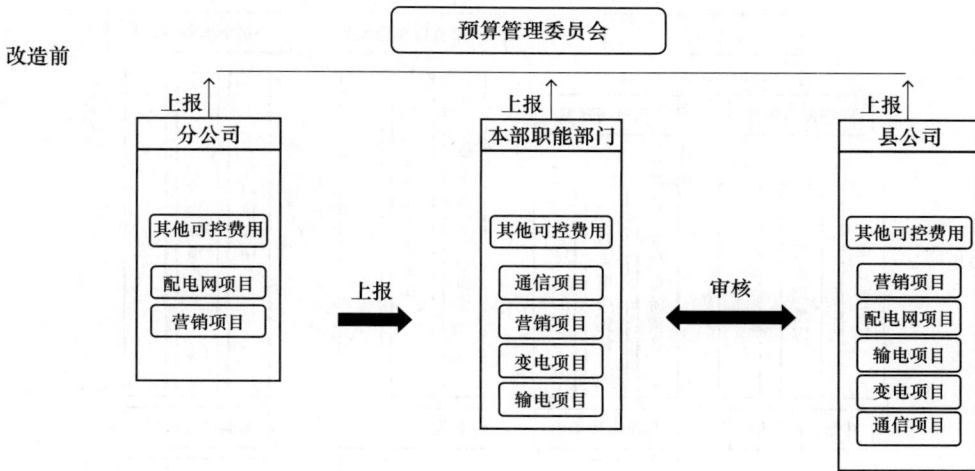

图 5-4　改造前预算管理流程变化图

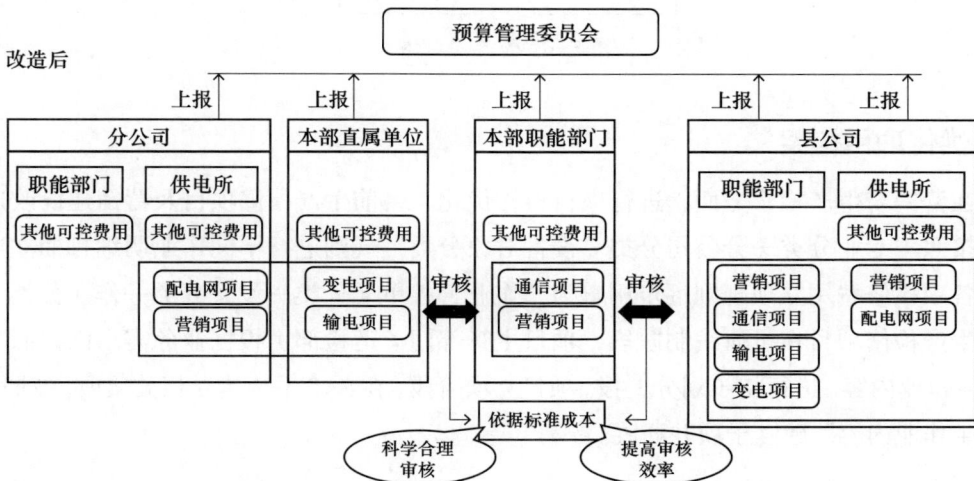

图 5-5　改造后预算管理流程变化图

国家电网公司预算管理体系以本部职能部门、分公司、本部直属单位为单元，以标准成本体系为依据，对"生产检修费用""营销检修费用""其他运营费用"三大类型下达预算。其中，检修项目按变电站、架空线路、电缆线路等标准成本资产维度执行；营销项目按新增电能表、存量电能表、电能表轮换等标准成本维度执行；其他运营费用按各费用类型下达预算；分公司预算涵盖职能部门预算及各供电所预算管理。预算管理体系如图 5-6 所示。

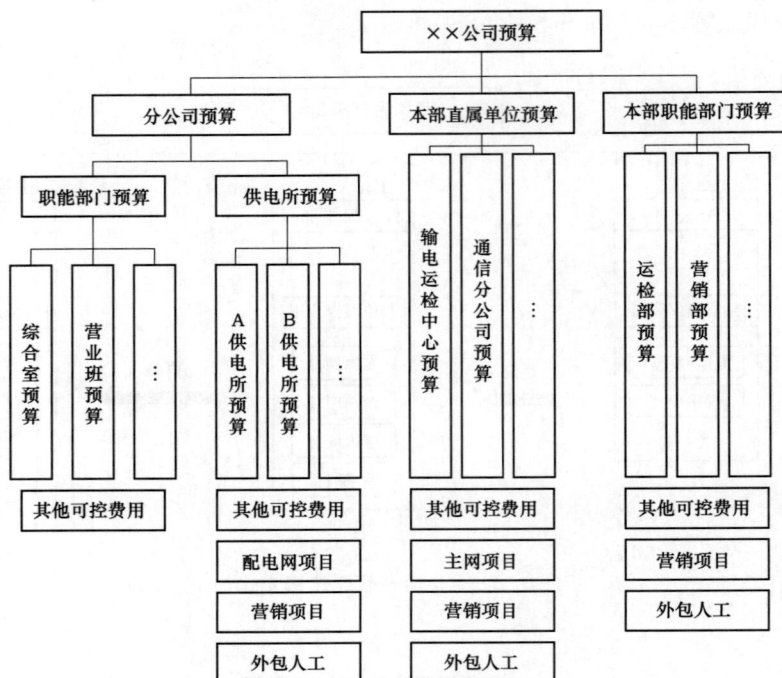

图 5-6 预算管理体系

二、优化项目构架

在营销与生产检修方面，进行项目架构优化。目前生产检修项目及营销建设改造类项目按照"专业分类—分公司分类—设备对象分类"规则进行不同作业明细打捆立项，后续各项检修费用立项规则逐步调整为"作业管控单元分类—设备分类—作业分类"。例如生产检修项目在可研编制阶段，项目主管部门（运检部）根据业务需求已按照"供电所＋作业内容"进行初步划分上报。项目立项阶段，在 SAP 系统建立相关父项，按照"供电所＋作业内容"建立子项并释放。

三、下达预算指标

在标准成本基础上综合考虑提升性费用、完善性费用等调整因素，结合省公司实际下达情况分解下达预算。生产营销检修项目由各专业部门在标准成本测算基础上根据省公司预算，结合各预算单元的项目储备需求，从总预算逐层分解至项目预算。业务部门根据标准成本和省公司预算下达情况，提出预算分配方案。

除业务部统一实施的项目外，其余按照"标准成本＋专项"的原则分解至直属单位、各分公司，经预算管理办公室初审后报公司总经理办公会审议、下达；各分公司根据下达的预算按照"标准成本＋专项"的原则将预算进一步分解至各供电所，并报预算管理办公室及营销部备案，待省公司项目预算下达后，以供电所为单位建立项目子项，并报营销部备案；财务部门根据各分公司备案数据通过 SAP 基金中心控制各供电所预算，确保各级单位无预算不开支，有预算不超支。

　　预算编制与审批流程如图 5-7 所示，预算发布与执行流程如图 5-8 所示，预算调整流程如图 5-9 所示。

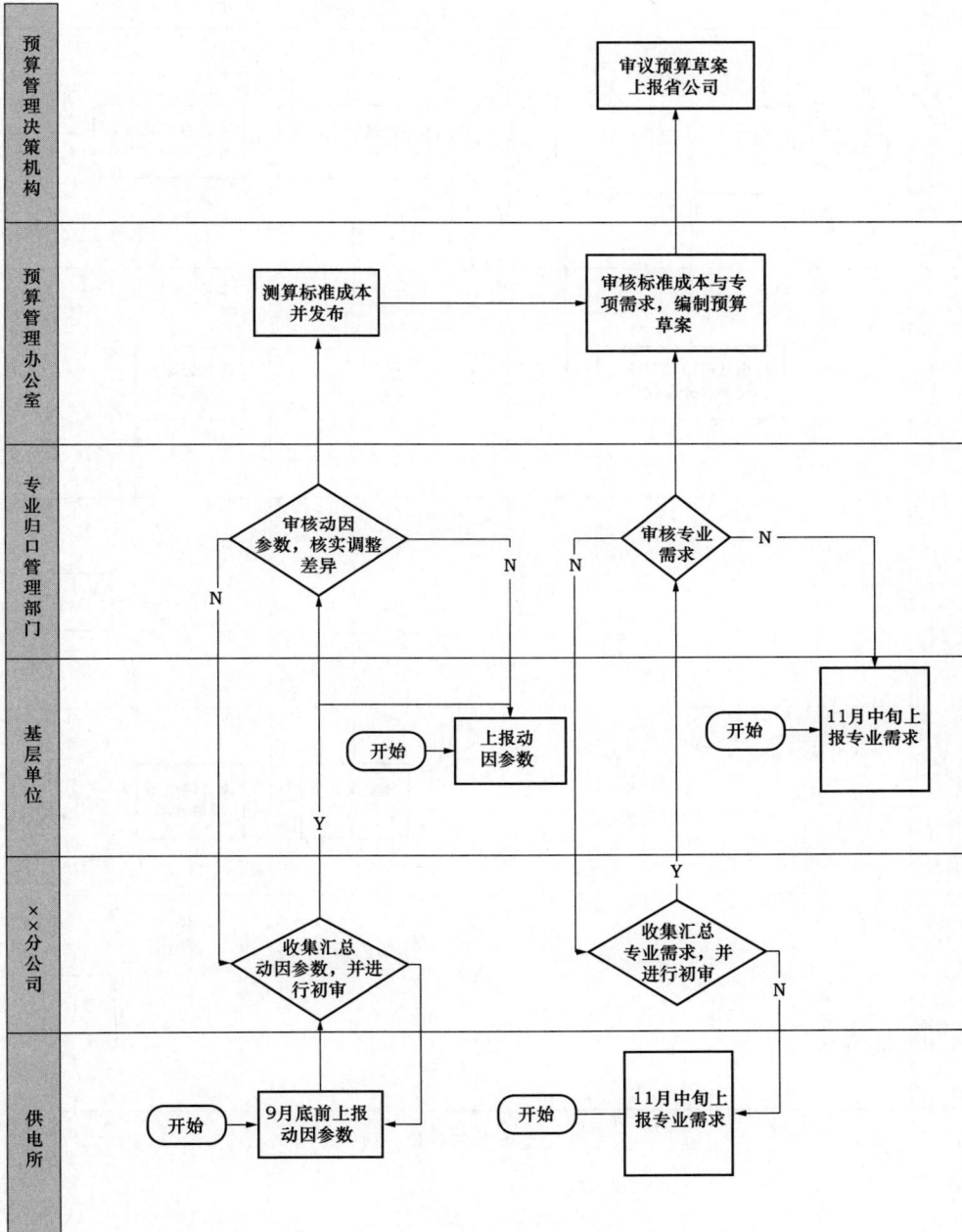

图 5-7　预算编制与审批流程

| 预算管理决策机构 | 专业归口管理部门 | 基层单位 | ××分公司 | 供电所 |

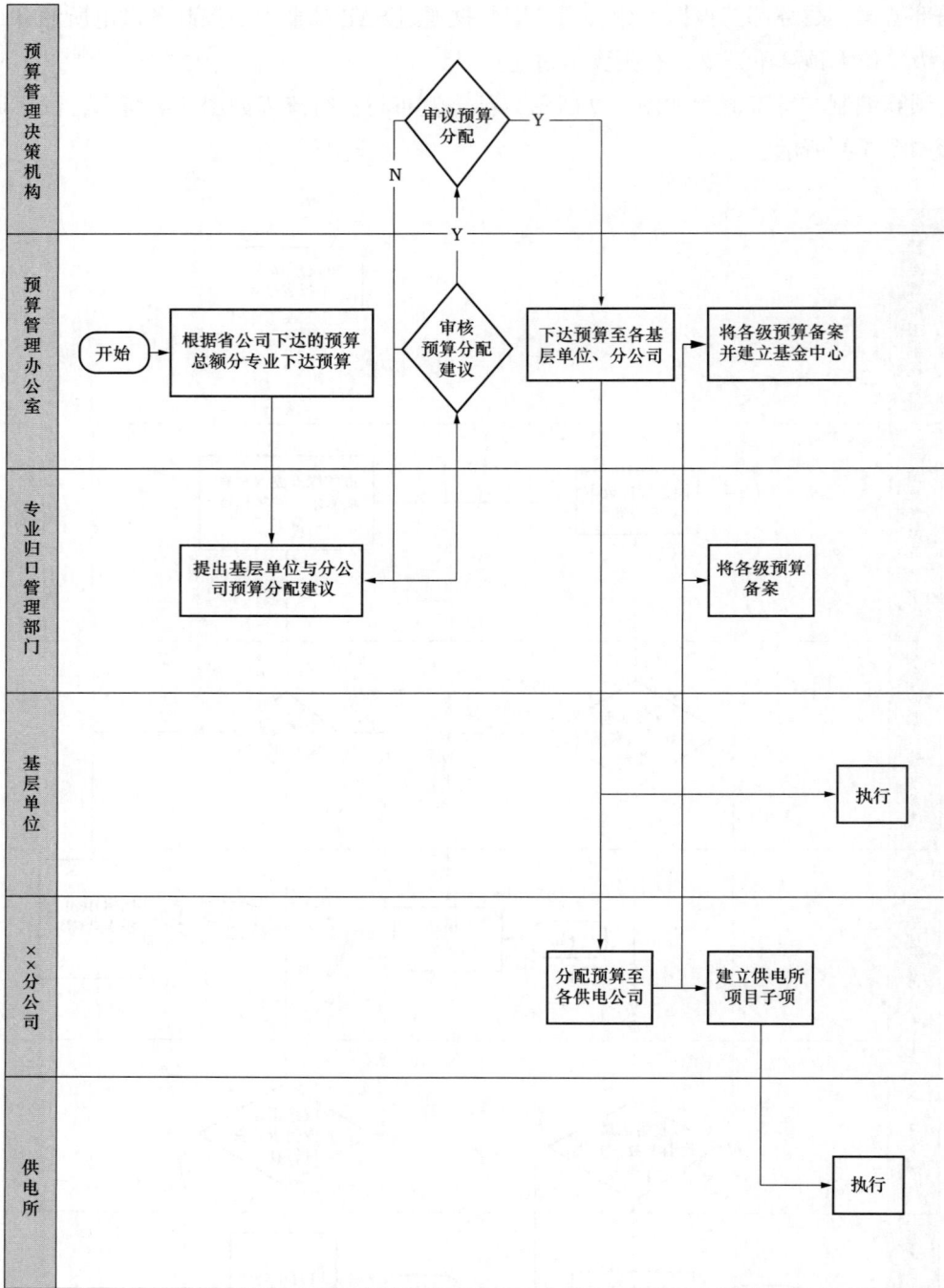

图 5-8　预算发布与执行流程

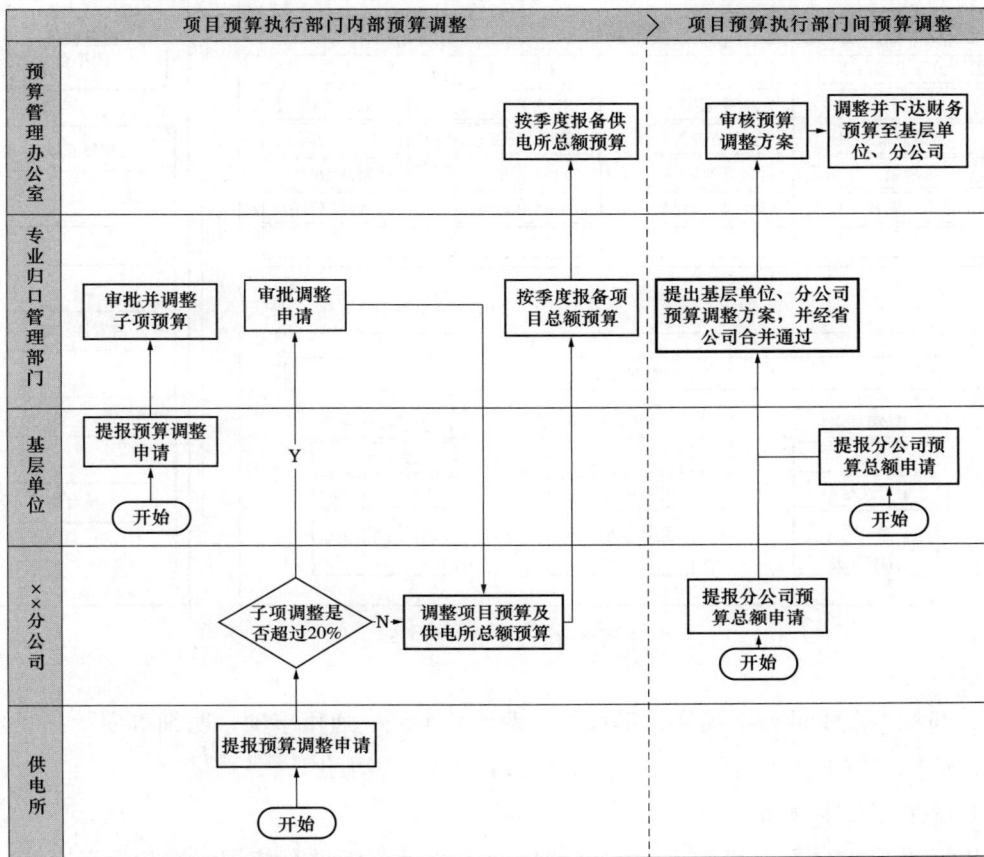

图 5-9 预算调整流程

四、系统归集成本

依托信息化平台，对实际成本进行归集并对于预算执行情况进行偏差分析，运维检修费用主要依托于供服系统，其他运营费用主要依托于事项化平台等信息化体系。

（一）检修运维成本归集

国家电网公司下属营销检修标准成本试点单位，已完成系统落地应用数据贯通方案的搭建工作。在实际执行中以营销系统作业计划为实际业务起点，针对单台设备、业务流程创建作业计划，生成配表，触发工作票，通过工时归集、辅材与机械统计、设备与配表对应，实现单个项目单台设备单项作业实际成本的提取及归集，与标准成本的作业层、设备层、项目层进行对比。营销数据贯通如图 5-10 所示。

（二）其他运营费用成本归集

其他运营费用作为公司预算不可或缺的组成部分，具有"内容繁杂、标准各异、难以预控"的特点。国家电网公司结合多维精益管理体系建设成果，细化业务活动至通用

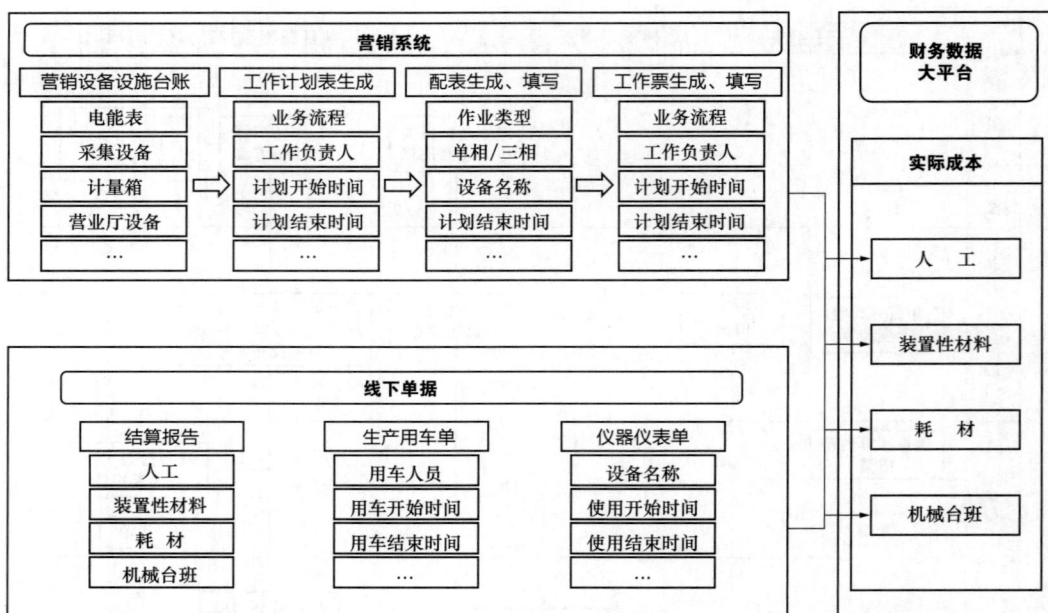

图 5-10 营销数据贯通

事项，与标准成本的作业衔接，形成了"费用总类型—通用事项—明细事项"三级管控模式，依托"事项化平台"，实现费用预算信息化、事项化。

1. 费用管理事项化

以标准成本体系为准绳，对常规费用业务活动范围进行梳理、细化业务分类，形成与标准成本作业相互映射的通用费用事项库。目前国家电网公司事项库包含通用事项140 项，明细事项 230 条，对应预算科目 62 个。

以管理用房维修费为例，主要涉及 8 项通用事项，根据作业内容核定通用事项标准定额，形成管理用房屋维修标准。管理用房屋维修事项明细如表 5-1 所示。

表 5-1 管理用房屋维修事项明细

序号	通用事项	明细事项	折算单位房屋资产原值定额标准
1	结构分系统维修	非承重砌体结构修理	0.005%
2	维护分系统（含室外）维修	屋面维修、外立面修理、场坪、通道等的维修	0.023%
3	装饰装修分系统维修	内墙面子系统、吊顶子系统、楼地面子系统、隔墙子系统、门窗子系统、细部及其他子系统等的维修	0.016%
4	给水排水分系统维修	室内或室外排水系统等维修	0.013%

续表

序号	通用事项	明细事项	折算单位房屋资产原值定额标准
5	空调通风分系统维修	空调冷热源子系统、空调水子系统、空调风子系统等的维修	0.078%
6	电梯分系统维修	驱动主机、钢丝绳（钢带）、控制柜、门机等的维修	0.026%
7	电气分系统维修	送排风机、防排烟风机电动机、风叶等的维修	0.020%
8	建筑智能化（含消防）分系统维修	室内或室外消防管网、消防报警系统等的维修	0.020%
	合计		0.20%

2. 预算管控偏差

在"事项化平台"系统中，建立标准成本自动计算及偏差预警功能，若需求金额和标准成本差异达 15% 以上，则系统提示业务部门需提供相关佐证材料。

国家电网公司依托事项管控标准重构 2020 年其他运营费用预算，截至 2020 年 9 月审核事项 287 条，减免重复发生、超频次发生的非必需事项 27 条，压降非生产性成本近 500 万元，占整体非生产性成本的 6.75%，高于全省平均 1.75 个百分点，实现从严从紧审核非生产性费用，拓展增效空间。

3. 预算系统管控

以事项的内部订单为载体，打通经法系统、电子报账系统、ERP 系统（企业资源计划系统）、商旅平台等系统链路，对费用预算进行全过程在线管控，确保"无预算不支出，有预算不超支"。

开展费用类型、成本中心、需求事项多维度预算执行情况分析，并预警预算执行进度较低的项目，并推送给各预算部门（单位），提高预算执行的时效性和均衡性；对预算完成金额与标准成本偏差较大的，开展差异分析，优化调整相关标准。

第三节　可研评审场景应用

关于可研评审场景的标准成本的测算，在基于作业成本法的成本计算理念下，以"项目稽查原则"为基础，以"新标准成本体系"为依据，由国家电网公司对项目总体需求进行调研，了解项目管理现状，梳理数据情况并进行集中研讨，建立"设备—项目—作业"三级典型项目库，搭建项目可研经济性评价模型，辅助检修项目可研经济性评价。

一、建立典型项目库

（一）建立原则

以"项目稽查原则"中典型项目的检修内容描述为依据，将各个典型项目的检修内容描述与"新标准成本体系"中的检修作业进行匹配，形成典型项目与检修作业的映射关系，建立典型项目库。依据项目稽查原则，输电资产分为架空线路及附属设施、电缆线路及附属设施和其他 3 类，包括防污闪、防雷害、接地治理等 43 个典型项目；变电资产分为变压器、断路器、互感器等 18 类，包括变压器返厂大修、变压器本体检修等 78 个典型项目；变电二次资产分为电网调度控制系统、厂站监控系统、继电保护及安自装置 3 类，包括调度自动化系统、自动化机房、继电保护及安全自动装置等 24 个典型项目；通信资产分为通信线路及设备运维和通信线路及设备检修 2 类，包括附属设施、光缆、传输网、业务网等 12 个典型项目。

（二）建立过程

1. 建立典型项目与检修作业的关联关系

以"项目稽查原则"为基础，以"新标准成本体系"为依据，典型项目的检修内容描述为衔接，同时参考历史检修项目实际内容，按电压等级建立项目稽查原则中典型项目与新标准成本体系中检修作业之间的对应关系。关联关系如图 5-11 所示。

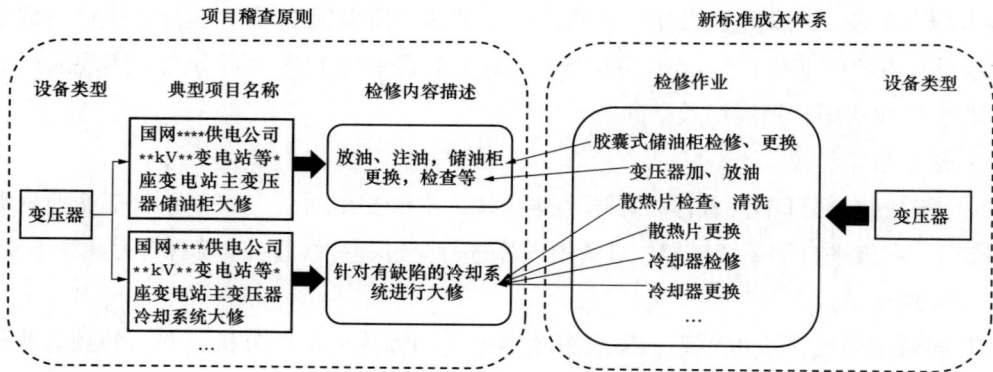

图 5-11　关联关系

根据项目稽核原则，按照设备的电压等级建立项目稽核原则中典型项目与新标准成本体系中检修作业的关联关系。变电分为 10kV、35kV、110kV 和 220kV 四个电压等级，输电分为 35kV、110kV、220kV 和 500kV 四个电压，变电二次分为 220kV、110kV、35kV 三个电压等级，通信暂不区分电压等级。各典型项目与检修作业关联关系示例表（变电）、典型项目与检修作业关联关系示例表（输电）、典型项目与检修作业关联关系示例表（变电二次）、典型项目与检修作业关联关系示例表（通信）分别如表 5-2 ~ 表 5-5 所示。

表 5-2　各典型项目与检修作业关联关系示例表（变电）

项目类型	检修项目	项目编码	电压等级	标准作业内容	作业编码	单位
本体	国家电网公司××kV××变电站等×座变电站主变压器现场检修	×××D002	220kV	变压器解体综合检修	××-013-002	台
			220kV	变压器试验（预试）	××-013-371	台
冷却系统	国家电网公司××kV××变电站等×座变电站主变压器冷却系统大修	×××D004	220kV	冷却器检修	××-013-022	套
			220kV	冷却器更换	××-013-023	套
			220kV	散热片检查、清洗	××-013-020	台
			220kV	散热片更换	××-013-021	组

表 5-3　典型项目与检修作业关联关系示例表（输电）

检修项目	项目类型	电压等级	标准作业内容	作业编码	单位标准
接地	国家电网公司××kV××线等线路接地整治	220kV	更换接地扁铁	××-13-024	10m/基
		220kV	改善接地电阻，增加辅助接地	××-13-027	20m
		220kV	改善接地电阻，加降阻剂	××-13-028	基
接地	国家电网公司××kV××线等线路石墨烯接地整治	220kV	接地装置开挖检查	××-13-002	10m/基
		220kV	杆塔接地电阻测量及补强	××-13-008	基
		220kV	改善接地电阻，增加辅助接地	××-13-027	20m
		220kV	改善接地电阻，加降阻剂	××-13-028	基

表 5-4　典型项目与检修作业关联关系示例表（变电二次）

检修项目	项目类型	电压等级	标准作业内容	作业编码	单位标准
继电保护及安全自动装置	国家电网公司××kV及以下变电站继电保护及安全自动装置检修	220kV	微机保护变压器间隔全部检验	××-013-226	台
		220kV	微机保护变压器间隔部分检验	××-013-227	台
		220kV	微机断路器保护全部检验	××-013-232	台
		220kV	微机断路器保护部分检验	××-013-233	台
		220kV	微机保护线路间隔全部检验	××-013-223	间隔
		220kV	微机保护线路间隔部分检验	××-013-224	间隔
		220kV	操作箱检验	××-013-225	套
		220kV	微机母线保护全部检验	××-013-228	套

检修项目	项目类型	电压等级	标准作业内容	作业编码	单位标准
继电保护及安全自动装置	国家电网公司××kV及以下变电站继电保护及安全自动装置检修	220kV	微机母线保护部分检验	××-013-229	套
		220kV	微机母联保护全部检验	××-013-230	套
		220kV	微机母联保护部分检验	××-013-231	套
		220kV	端子箱维护	××-013-282	只
		110kV	微机保护变压器间隔全部检验	××-012-226	台
		110kV	微机保护变压器间隔部分检验	××-012-227	台
		110kV	微机断路器保护全部检验	××-012-232	台
		110kV	微机断路器保护部分检验	××-012-233	台
		110kV	微机保护线路间隔全部检验	××-012-223	间隔
		110kV	微机保护线路间隔部分检验	××-012-224	间隔
		110kV	操作箱检验	××-012-225	套
		110kV	微机母线保护全部检验	××-012-228	套
		110kV	微机母线保护部分检验	××-012-229	套
		110kV	微机母联保护全部检验	××-012-230	套
		110kV	微机母联保护部分检验	××-012-231	套
		110kV	端子箱维护	××-012-282	只

表5-5　典型项目与检修作业关联关系示例表（通信）

检修项目	项目类型	标准作业内容	作业编码	单位
机房维护	国家电网公司通信辅助设备检修运维	机框接地检测	××-00-095	个
		设备内部连线检测	××-00-096	个
		防雷检测	××-00-097	个
光配设备	国家电网公司通信辅助设备检修运维	跳纤检测（24芯）	××-00-048	台
		光适配器检测	××-00-049	台
数配设备	国家电网公司通信辅助设备检修运维	数字线缆检测	××-00-052	台
		数配端子检测	××-00-053	台
		数字电缆改线和布线	××-00-056	台

2. 完善检修运维作业

由于项目稽查原则中部分典型项目与新标准成本中检修作业不能匹配，无法建立典型项目与检修作业的关联关系，现进行如下补充完善。依照项目稽查规则中典型项目分类，梳理国家电网公司 2017 ~ 2019 年输变电实际检修项目，通过梳理实际检修项目中的检修内容，并利用实际项目中的检修内容与稽查原则中尚未建立关联关系的典型项目建立关联关系，同时对实际项目检修作业定额进行优化，将优化后的检修作业补充到新标准成本体系中，完善 2019 年某省新标准成本体系。此次共补充检修作业 300 余条，其中变电检修作业 150 余条，输电检修作业 180 余条。补充的变电、输电检修作业示例如表 5-6、表 5-7 所示。

表 5-6 补充的变电检修作业示例表

标准作业	单位标准	标准作业成本定额（元）	人工费（元）	材料费（元）	机械费（元）
火灾自动报警系统安装—联动控制器安装—总线制 500 点以下	套	M_1	××	××	××
火灾自动报警系统安装—点型探测器安装—总线制感烟器	只	M_2	××	××	××
火灾自动报警系统安装—点型探测器安装—总线制感温器	只	M_3	××	××	××
火灾自动报警系统安装—线型探测器安装—线型探测器	m	M_4	××	××	××
火灾自动报警系统安装—模块（接口）安装—控制模块（接口）单输出	只	M_5	××	××	××
火灾自动报警系统安装—模块（接口）安装—控制模块（接口）多输出	只	M_6	××	××	××
火灾自动报警系统安装—消防通信、报警备用电源安装—电话通信分机	部	M_7	××	××	××
火灾自动报警系统安装—点型探测器安装—总线制红外光束探测器	对	M_8	××	××	××
火灾自动报警系统安装—报警装置安装—按钮	只	M_9	××	××	××

表 5-7 补充的输电检修作业示例表

标准作业	单位标准	标准作业成本定额（元）	人工费（元）	材料费（元）	机械费（元）
硬母线检修—矩形母线检修—截面 1200mm²、长度 8m 以内	段	M_1	××	××	××

标准作业	单位标准	标准作业成本定额（元）	人工费（元）	材料费（元）	机械费（元）
矩形硬母线热缩安装—接头热缩安装—矩形母线热缩带	m	M_2	××	××	××
冷却系统检修—油泵检修拆装—油泵检修	台	M_3	××	××	××
冷却系统检修—油泵检修拆装—油泵拆装	台	M_4	××	××	××
新增客户端安装	次	M_5	××	××	××
用户人员表维护消缺	次	M_6	××	××	××
拓扑防误校核故障消缺	次	M_7	××	××	××
操作防误模拟应用故障消缺	次	M_8	××	××	××

3. 确定检修作业数量

在建立典型项目与新标准成本体系中检修作业的关联关系基础上，确定单位检修对象（设备）所消耗的检修作业数量。如表5-2中典型项目"国家电网公司 ××kV×× 变电站等 × 座变电站主变压器冷却系统大修"关联了 4 项检修作业，现需要确定单位检修对象（设备）检修时各项作业的消耗量，即 1 台 220kV 变压器的冷却系统检修时各项作业的消耗量。主要方法是按照新标准成本体系中所选典型设备相应的检修作业消耗量进行确定，以及结合国家电网公司同类实际检修项目中 1 台变压器检修所消耗的相同作业数量。典型项目与检修作业关联关系示例表（变电）如表5-8所示。

表5-8 典型项目与检修作业关联关系示例表（变电）

检修项目	检修对象	设备数量	电压等级	标准作业内容	作业编码	作业数量
国家电网公司××kV××变电站等 × 座变电站主变压器冷却系统大修	冷却系统	1	220kV	冷却器检修	××-013-022	P_1 套
			220kV	冷却器更换	××-013-023	P_2 套
			220kV	散热片检查、清洗	××-013-020	P_3 台
			220kV	散热片更换	××-013-021	P_4 组

4. 细化典型项目配件

根据新标准成本体系中典型设备的装置性材料种类、数量和价格水平，参考历史同类项目单位设备检修时配件种类、数量和价格的消耗水平，确定典型项目中单位设备检修时装置性材料的种类、数量和价格水平消耗，典型项目装置性材料示例表（变电）如表 5-9 所示。

表 5-9　典型项目装置性材料示例表（变电）

检修项目	检修设备	电压等级	数量（台）	装置性材料名称	单价（元）	数量
国家电网公司××kV××变电站等×座变电站主变压器现场检修	变压器	220kV	P_1	气体继电器	××	P_1 个
		220kV		变压器潜油泵	××	P_2 个
		220kV		变压器套管	××	P_3 个
		220kV		吸湿器	××	P_4 个
		220kV		加热器	××	P_5 个
		220kV		温湿度控制器	××	P_6 个
		220kV		蝶阀	××	P_7 套
国家电网公司××kV××变电站等×座变电站主变压器冷却系统大修	冷却系统检修	220kV	P_2	片散	××	M_1 只
		220kV		散热器	××	M_2 只
		220kV		风扇	××	M_3 个

（三）建立成果

此次共建立输变电典型项目 260 余个，其中变电检修运维典型项目 130 余个，输电检修运维典型项目 120 余个。典型项目的成本主要包括两部分，一是检修工程费，主要由检修作业和相应的作业数量相乘后汇总所得；二是配件购置费，主要由配件价格和相应的配件数量相乘后汇总所得。典型项目成本汇总结果示例如表 5-10 所示。

表 5-10　典型项目成本汇总结果示例

项目类型	检修项目	项目类型细化	电压等级	单位设备检修成本（元）		
				检修工程费	配件购置费	合计费用
本体	国家电网公司××kV××变电站等×座变电站主变压器现场检修	变压器综合检修	220kV	××	××	M_1
			110kV	××	××	M_2
			35kV	××	××	M_3
			10kV	××	××	M_4

续表

项目类型	检修项目	项目类型细化	电压等级	单位设备检修成本（元）		
				检修工程费	配件购置费	合计费用
消弧线圈	国家电网公司××kV××变电站等×座变电站××kV消弧线圈大修	消弧线圈检修	35kV	××	××	N_1
			10kV	××	××	N_2
储油柜	国家电网公司××kV××变电站等×座变电站主变压器储油柜大修	储油柜检修	220kV	××	××	m_1
			110kV	××	××	m_2
			35kV	××	××	m_3

二、搭建评价模型

（一）确定调整系数

实际项目可研估算是基于能源局检修工程定额测算，与新标准成本体系中检修作业成本定额存在一定差异。设定测算成本调节系数，减小两者的差异，以提高模型精准性。

通过梳理近年同类项目检修内容、检修设备数量和可研估算中的各项成本，同时利用典型项目成本和实际项目中检修对象的数量测算实际项目的检修成本，比较测算成本与估算成本的差异。依据同类项目成本差异的平均水平或平均水平的近似值确定各该类项目的调节系数。变电检修项目调节系数示例表如表 5-11 所示。

表 5-11　变电检修项目调节系数示例表

序号	检修对象	实际项目名称	可研估算成本（万元）	测算项目总成本（万元）	测算项目总成本差异（%）	调节系数	平均调节系数（取整）	调整后测算项目总成本差异（%）
1	储油柜	国家电网公司220kV××变电站等7座变电站主变压器储油柜回路大修	M_1	m_1	$\dfrac{m_1-M_1}{m_1}$	$\dfrac{M_1}{m_1}$	$\dfrac{M_1}{m_1}{i}$	2.3%
2	储油柜	国家电网公司220kV××变电站等8座变电站主变压器储油柜大修	M_2	m_2	$\dfrac{m_2-M_2}{m_2}$	$\dfrac{M_2}{m_2}$	$\dfrac{M_2}{m_2}{i}$	8.0%
3	接地	国家电网公司220kV××变电站等25座变电站接地网大修	M_3	m_3	$\dfrac{m_3-M_3}{m_3}$	$\dfrac{M_3}{m_3}$	$\dfrac{M_3}{m_3}{i}$	−9.0%
4	接地	国家电网公司220kV××变电站等55座变电站接地网大修	M_4	m_4	$\dfrac{m_4-M_4}{m_4}$	$\dfrac{M_4}{m_4}$	$\dfrac{M_4}{m_4}{i}$	9.6%

（二）确定偏差范围

实际项目检修存在特殊性，比如设备厂家、施工人员技术水平等，势必同类项目单位设备检修也会存在一定的差异。

因此，在典型项目成本测算为标准的基础上，设定允许偏差范围。实际项目可研估算与测算成本的差异在允许偏差范围内即为合理，可研经济性评价通过，反之不通过。

允许偏差范围主要采用统计分析的方法确定。制定每类项目的调节系数后，首先利用典型项目成本和调节系数，按照实际检修项目中检修设备的数量测算实际检修项目的测算成本，然后对比测算成本和可研估算的差异。统计变电和输电各类典型实际项目成本差异范围，据此范围确定变电和输电资产检修项目可研估算允许偏差范围。

通过统计分析结果可知，实际变电检修项目的偏差范围在 ±10% 之间，输电检修项目偏差范围在 ±20% 之间。

（三）搭建评价模型

利用上述建立各类资产的典型项目库，结合各典型项目确定的调节系数以及确定的各类资产的检修项目可研估算的允许偏差范围，搭建电网检修项目可研经济性评价模型相关计算如下：

$$项目可研测算成本 = \sum（各电压等级典型项目单位检修成本 \times$$
$$检修设备数量）\times 调节系数$$

$$项目可研测算成本范围 = 项目测算成本 \times（1+ 允许偏差上下限）$$

三、开展可研评审

可研估算在项目可研测算成本范围内，即可研估算合理、可研经济性评价通过。反之，标记为待通过。

同时，利用相应典型项目中的检修工费和配件购置费，结合实际项目中的检修对象数量，测算出实际项目的检修工程费和配件购置费，对比项目的检修工程费、配件购置费和总费用的差异，分析检修工程费和配件购置费的差异情况。

此外，通过设计综合评价展示界面，模型使用起来更为方便、直观。综合展示界面主要分为两个区域，第一区域是智能评价区，即参数设置：首先，根据待评价的检修项目名称和检修对象，勾选典型项目库中的设备及其所属的典型项目；其次，输入待评价项目的检修设备数量、检修工程费、配件购置费、其他费用和项目总成本等参数，自动计算待评价项目的测算检修工程费、配件购置费和总成本。第二区域是结果展示区，即评价结果展示：通过上述参数的设置，将测算结果进行展示，包括测算的总成本、检修工程费、配件购置费以及成本允许的波动范围。在与上述的可研估算成本进行对比后，可研估算成本在允许范围内，则显示"通过"，反之则显示"待通过"。

第四节　效能评价场景应用

国家电网公司将作业标准成本体系创新性应用至基层供电所，开展供电所层级标准成本测算。基于多维精益管理建设成果，开展实际成本归集，厘清成本结构和实际资源耗费。同时聚焦供电所核心业务，以成本效用为基础进行拓展，构建以提升投入产出效率为导向的供电所绩效评价体系，以绩效为指挥棒引导基层行为导向。

一、构建效能评价体系

围绕供电所核心运营活动，选取"财务、人事、保障、运营、客户"五维十项关键指标，应用数据包络分析方法，以单位电量、运维成本、人事效率、单位电量、资产规模五项人财物耗费的关键指标为投入指标，以供电可靠率、每万户 95598 投诉率等五项运维、服务效率评价指标为产出指标，搭建供电所投入产出评价模型，形成供电所投入产出效能指数，综合评价供电所投入产出效率。供电所投入产出效能评价体系如图 5-12 所示。

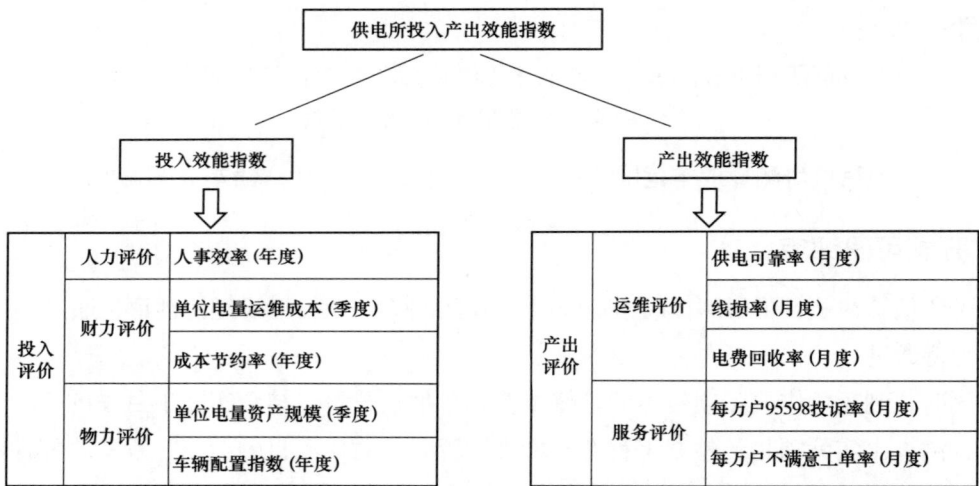

图 5-12　供电所投入产出效能评价体系

二、开展效能评价

（一）供电所标准成本测算

对人工成本、配电网检修、营销检修和其他运营费用四个类别的供电所标准成本进行分类测算。其中，人工成本依照相关文件和上一年水电气行业社会平均工资水平进行测定；配电网检修费用等其他三部分通过收集配电线路长度、用户数量等 79 个业务参数，应用作业标准成本体系进行测定。标准成本测算过程如图 5-13 所示。

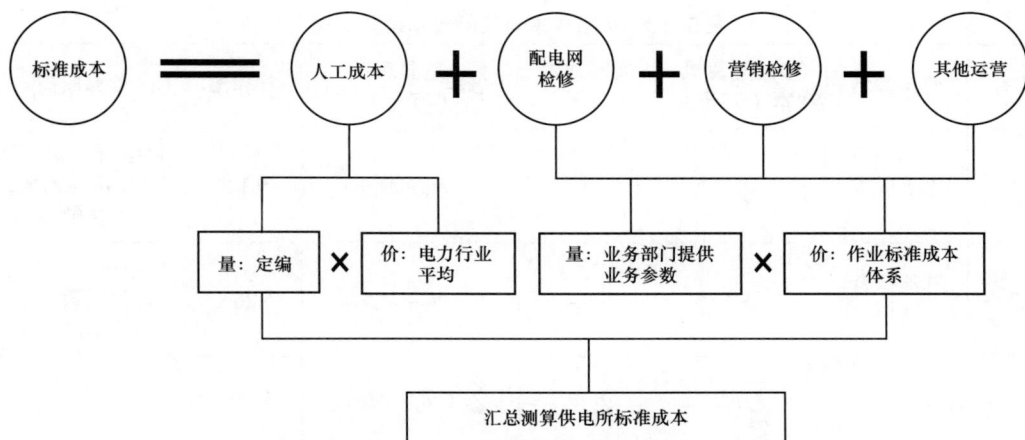

图 5-13　标准成本测算过程

（二）供电所实际成本归集

供电所实际成本依托国家电网公司多维精益管理体系和实际成本在作业层面的数据链路贯通，实现在线归集。其中人工成本按员工所在部门自动核算、归集至供电所；配电网、营销检修费用分项目类型核算至供电所；其他运营费用分类型自动分摊计入供电所。其他运营费用自动分摊结果如表 5-12 所示。

表 5-12　其他运营费用自动分摊结果

序号	供电所名称	金额（元）	报表费用项目名称
1	A 供电所	1329738.49	农维费
2	B 供电所	1083593.45	农维费
3	C 供电所	990132.36	农维费
4	D 供电所	975326.64	农维费

（三）供电所实际成本归集

对标准成本与实际成本差异以及单位电量运维成本进行分析。以某地区市本级 12 家供电所为例，2020 年标准成本为 2.96 亿元，实际成本为 2.8 亿元，总体偏差为 5.41%。通过对比分析，导致标准成本和实际成本存在差异的主要原因是各供电所人员配置率不同。而适当开展除负面清单以外的外包业务，有助于降低总体运营成本，为进一步优化人员和成本结构、加强业务外包管理提供了决策依据。标准成本与实际成本差异比较如表 5-13 所示。

表 5-13　标准成本与实际成本差异比较

序号	费用类型	多维测算成本（万元）	实际成本（万元）	差异额（万元）	差异率	差异原因
1	人工成本	M_1	m_1	$m_1 - M_1$	-9.10%	供电所实际人数低于定编人数，人员缺编
2	其他运营费用	M_2	m_2	$m_2 - M_2$	5.26%	供电所实际业务外包人数高于标准
合计		$\sum_{i=1}^{n} M_i$	$\sum_{i=1}^{n} m_i$	$\sum_{i=1}^{n} (m_2 - M_2)$	5.41%	

根据供电所业务特性，开展分层级供电所指标应用评价。将供电所投入产出效能指数纳入供电所年度绩效评价，与供电所年度绩效薪资、供电所负责人业绩考核挂钩，将供电可靠率、电费回收率、单位电量运维成本指标纳入月度（季度）供电所管理提升评价，与供电所月度绩效挂钩。开展"五色图"评价，依次绘制"红、橙、蓝、绿、黄"五色，直观反映供电所投入产出效能"优秀、较好、中等、稍差、落后"五个等级，引导供电所由片面追求指标提升转为综合投入产出最优化，促进资源使用效率提升。

第五节　资产维护方案优选场景应用

电网企业作为资金技术密集型企业，具有资产量级大、覆盖范围广等特点。固定资产后续维护管理是企业管理的一个重要环节，每年技术改造支出、大修费用是两项最重要的后续支出。设备修理费作为生产成本项目，其支出直接影响当期损益；技改项目支出会导致固定资产价值的变动，增加折旧费用，影响企业未来的损益，站在资产全寿命的角度，不同后续维护方案的选择成本有所不同。

该场景运用标准成本进行定量支撑，同时结合资产全寿命周期成本（life cycle cost，LCC），分析资产不同后续维护方案的成本差异，强调方案决策的整体性和长期性，综合考虑不同方案的可靠性以及设备效能、服役寿命等的差异，强化环保理念，减少建设和运行中的浪费。

一、建立成本测算模型

（一）LCC 模型研究原理

1. LCC 模型理论

LCC 也称全寿命周期费用。资产全寿命周期成本包括设备购置、安装、运行、检修、改造直至报废的全过程发生的费用。

全寿命周期成本可表达为：LCC= 投资成本 + 维持成本。电网行业将维持成本进一步细化为运行成本、检修维护成本、维修成本和退役处置成本之和，故 LCC 又表达为：LCC= 投资成本 + 运行成本 + 养护成本 + 维修成本 + 退役处置成本。

LCC 管理的基本目标是追求设备全寿命周期成本最优。一方面，资产使用寿命越长，分摊至每年的投资成本越低，则资产使用年限越长越好。但另一方面，由于设备老化、磨损等原因，导致资产的维持成本逐年增加。若使用年限过长，维持成本将会增高，同时维护效果下降。该情况下，相较于继续维护使用，重新购置为更优选择。

资产年均成本是判断资产是否有继续使用价值的重要依据。基于全寿命周期成本的归集，年均成本最低的使用年限为资产的经济寿命，此时可达到资产全寿命周期成本最优。资产全寿命周期成本最优，即为资产的年均成本最低。

2. 成本分析

运行成本是设备在正常运行或非正常运行情况下本体内部缺陷或流失的费用，其成本结构分解时必须考虑设备能耗费，其他费用可按照实际情况估算；检修成本是保证设备持续正常运行，减少缺陷时的损失费用，其成本结构分解时需考虑周期大修及小修费用；缺陷处置成本是设备缺陷后产生的费用，必须考虑缺陷检修及缺陷可能损失费用以及对重要用户的赔偿；退役处置成本包括设备报废后可回收利用价值及处置设备可能花费的支出成本，是全寿命周期过程中必须考虑的费用成本。

关于对成本的研究，需注意如下三部分。第一部分为成本分解范围。全面考虑其规划、设计、购置、安装、运行、缺陷维修、改造、更新、报废全过程内的成本输出与输入。第二部分为成本结构分解，需按照五个阶段划分，分为投资成本、运行成本、检修维护成本、缺陷成本、退役处置成本。第三部分为成本类型的选择。初始投资成本是指取得投资时实际支付的全部价款，其成本结构分解时必须考虑初始投入设备购买费用，其他费用可按照实际情况估算。

（二）基于电网特性改进的 LCC 模型

1. 技改成本测算模型

技改总成本包括购置成本、运维成本、保险成本、处置收益、准许收益。技改计算公式如图 5-14 所示。

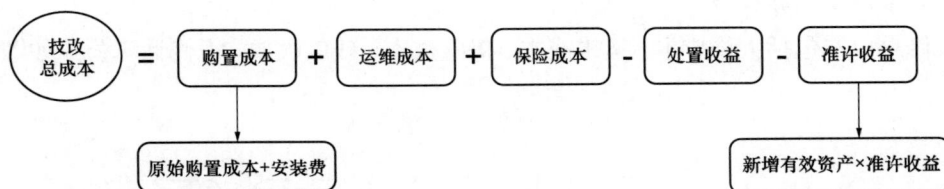

图 5-14　技改计算公式

（1）构建设备购置成本计算模型。未来技改的购置成本通过原始购置成本与折现率，以及未来的使用年限计算得出。具体公式如下：

$$第~n~年技改的购置成本 = 原始购置成本 \times 折现率^n$$

其中，购置成本由新购置价格和新购置安装费用组成，n 为设备技改年份。

（2）构建运维成本计算模型。未来技改的检修成本通过技改前每一年检修运维成本之和、技改后 30 年检修运维成本之和计算得出。具体公式如下：

$$第~n~年技改的检修运维成本 = 技改前每一年检修运维成本之和 +$$
$$技改后 30 年检修运维成本之和$$

（3）构建保险成本计算模型。未来技改的保险成本通过保险成本与折现率，以及未来的使用年限计算得出。具体公式如下：

$$第~n~年技改的保险成本 = 从今年到（技改年限 + 设备有效期）$$
$$所有的每年的保险费之和$$

其中，每年投入的保险费是当年的资产原值的千分之一。

（4）构建残值收益计算模型。未来技改的残值收益通过原始报废拍卖收入与折现率，以及未来的使用年限计算得出。具体公式如下：

$$第~n~年技改的处置收益 = 原始报废拍卖收入 \times 折现率^n$$

（5）构建准许收益计算模型。未来技改的准许收益通过新增有效资产与准许收益率、折现率，以及未来的使用年限计算得出。具体公式如下：

$$准许收益 = 新增有效资产 \times 准许收益率 =（资产原值 -$$
$$折旧值）\times 准许收益率新增有效资产 =$$
$$资产原值 - 折旧值$$

准许收益率 = 权益资本收益率 ×（1- 资产负债率）+ 债务资本收益率 × 资产负债率

权益资本收益率，原则上按不超过同期国务院国有资产监督管理委员会考核确定的资产回报率，并参考上一监管周期企业实际平均净资产收益率核定，该模型下取值为 3.3%；资产负债率，按照国务院国有资产监督管理委员会考核标准并参考上一监管周期电网企业资产负债率平均值核定，该模型下取值为 63.03%；债务资本收益率取值为 4.5%。

2. 大修成本测算模型

大修总成本包括大修成本、运维成本、保险成本、残值收益。大修计算公式如图 5-15 所示。

图 5-15　大修计算公式

（1）构建大修成本计算模型。未来大修成本通过 A 检费用与折现率，以及未来的使用年限计算得出。具体公式如下：

$$大修成本 = A 检费用 \times 折现率^n$$

（2）构建运维成本计算模型。未来运维成本通过检修费用与折现率，以及未来的使用年限计算得出。具体公式如下：

$$运维成本 = \sum（剩余寿命周期内每年剩余的投入成本 \times 每一年的折现率）$$

（3）构建保险成本计算模型。未来大修的保险成本通过保险费用与折现率，以及未来的使用年限计算得出。具体公式如下：

$$保险费用 = \sum（剩余生命周期内每年的保险费用成本 \times 每一年的折现率）$$

（4）构建残值收益计算模型。未来大修的残值收益通过报废拍卖收入与折现率，以及未来的使用年限计算得出。具体公式如下：

$$残值收益 = 报废拍卖收入 \times 折现率^n$$

二、检修技改策略选择

该场景以 A 地区 220kV×× 变电站 1 号主变压器设备为例，利用标准作业成本对其未来的检修成本进行测算，同时结合改进的 LCC 模型对变压器设备进行技改年金、大修年金的测算，评判不同投运年份下技改策略与大修策略的优劣。

（一）标准作业成本梳理

根据新标准成本体系和设备实际检修业务，对动因为 220kV，容量在 180000kVA 的变压器设备在全生命周期涉及的检修运维项目中的标准运维作业成本种类进行梳理，作为计算全寿命检修成本的基础。变压器设备常规综合检修明细、变压器设备解体综合检修明细、历年检修运维费用分别如表 5-14 ～ 表 5-16 所示。

表 5-14　变压器设备常规综合检修明细　　　　　　　　　　单位：台

单项作业成本明细表		内容
作业编码		××-013-001
作业名称		变压器常规综合检修
作业内容描述	工作内容：油箱常规检修；接地系统检修；有载分接开关附件检修；电动机构检修；手柄操作机构检修；散热片检修、清洗；冷却器检修；纯瓷套管检修；油纸套管检修；套管电流互感器检修；油泵检修；风机检修；油流继电器检修；储油柜检修；油位计检修；压力释放阀检修；安全气道检修；气体继电器检修；压力式温度计检修；净油器检修；吸湿器检修；本体二次端子箱检修；冷却器总控制箱检修；冷却器分控制箱检修；缺陷处理；在线滤油装置的检查检修；充氮灭火装置的检查检修；油色谱在线监测装置维修；温升过高水冲冷却器；变压器松动支架紧固	

续表

<table>
<tr><th colspan="5">单项作业成本明细表</th><th colspan="2">内容</th></tr>
<tr><td colspan="5">动因</td><td colspan="2">220kV</td></tr>
<tr><td colspan="5">容量</td><td colspan="2">18 万 kVA</td></tr>
<tr><td colspan="5">基价（元）</td><td colspan="2">$\sum_{i=1}^{n}(P_i M_i + p_i m_i + Q_i H_i)$</td></tr>
<tr><td rowspan="4">其中</td><td colspan="4">人工费（元）</td><td colspan="2">$\sum_{i=1}^{n} P_i M_i$</td></tr>
<tr><td colspan="4">材料费（元）</td><td colspan="2">$\sum_{i=1}^{n} p_i m_i$</td></tr>
<tr><td colspan="4">机械费（元）</td><td colspan="2">$\sum_{i=1}^{n} Q_i H_i$</td></tr>
<tr><td colspan="4">其他费用（元）</td><td colspan="2">$\sum_{i=1}^{n} q_i h_i$</td></tr>
<tr><td colspan="2">名称</td><td>物料编码（取ERP 通用的）</td><td>单位标准</td><td>单价（元）</td><td>数量</td><td>金额（元）</td></tr>
<tr><td rowspan="2">人工</td><td>正式人员</td><td></td><td>工日</td><td>M_1</td><td>P_1</td><td>$P_1 M_1$</td></tr>
<tr><td>临时用工</td><td></td><td>工日</td><td>M_2</td><td>P_2</td><td>$P_2 M_2$</td></tr>
<tr><td rowspan="5">材料</td><td>标号头</td><td></td><td>100 个</td><td>m_1</td><td>p_1</td><td>$p_1 m_1$</td></tr>
<tr><td>尼龙扎带</td><td></td><td>100 个</td><td>m_2</td><td>p_2</td><td>$p_2 m_2$</td></tr>
<tr><td>变压器油（25 号）</td><td></td><td>kg</td><td>m_3</td><td>p_3</td><td>$p_3 m_3$</td></tr>
<tr><td>电焊条（综合）</td><td></td><td>kg</td><td>m_4</td><td>p_4</td><td>$p_4 m_4$</td></tr>
<tr><td>…</td><td></td><td></td><td></td><td></td><td></td></tr>
<tr><td rowspan="5">机械</td><td>电子摇表</td><td></td><td>台班</td><td>H_1</td><td>Q_1</td><td>$H_1 Q_1$</td></tr>
<tr><td>高空作业车（20m 以内）</td><td></td><td>台班</td><td>H_2</td><td>Q_2</td><td>$H_2 Q_2$</td></tr>
<tr><td>高空作业车（30m 以内）</td><td></td><td>台班</td><td>H_3</td><td>Q_3</td><td>$H_3 Q_3$</td></tr>
<tr><td>交流电焊机（21kVA 以内）</td><td></td><td>台班</td><td>H_4</td><td>Q_4</td><td>$H_4 Q_4$</td></tr>
<tr><td>…</td><td></td><td></td><td></td><td></td><td></td></tr>
<tr><td>其他</td><td>列示其他需要支出的内容</td><td></td><td></td><td>h_4</td><td>q_4</td><td>$h_4 q_4$</td></tr>
<tr><td colspan="6">合计</td><td>$\sum_{i=1}^{n}(P_i M_i + p_i m_i + Q_i H_i + h_4 q_4)$</td></tr>
</table>

表 5-15 变压器设备解体综合检修明细

单项作业成本明细表			内容		
作业编码			××-013-002		
作业名称			变压器解体综合检修		
作业内容描述			工作内容：吊罩、吊芯检修；绕组检修；引线及绝缘架检修；铁芯检修；油箱常规检修；油箱内部检修；变压器油过滤；变压器加、放油；接地系统检修；有载分接开关本体吊芯检修；有载分接开关附件检修；无载分接开关本体吊芯检修；电动机构检修；手柄操作机构检修；散热片检修、清洗；冷却器检修；纯瓷套管检修；油纸套管检修；套管电流互感器检修；油泵检修；风机检修；油流继电器检修；储油柜检修；油位计检修；压力释放阀检修；气体继电器检修；突发压力继电器检修、更换；压力式温度计检修；净油器检修；吸湿器检修；安全气道检修；本体二次端子箱检修；充氮灭火装置的检查；油在线监测装置、在线滤油装置检查、检修；本体除锈清扫并进行喷涂油漆		
动因			220kV		
容量			18 万 kVA		
基价（元）			$\sum_{i=1}^{n}(P_iM_i + p_im_i + Q_iH_i)$		
其中	人工费（元）		$\sum_{i=1}^{n}P_iM_i$		
	材料费（元）		$\sum_{i=1}^{n}p_im_i$		
	机械费（元）		$\sum_{i=1}^{n}Q_iH_i$		
	其他费用（元）				
	名称	单位标准	单价（元）	数量	金额（元）
人工	正式人员	工日	M_1	P_1	P_1M_1
	临时用工	工日	M_2	P_2	P_2M_2
材料	变压器油（25 号）	kg	m_1	p_1	p_1m_1
	电工板纸	kg	m_2	p_2	p_2m_2
	电焊条（综合）	kg	m_3	p_3	p_3m_3
	电缆纸	kg	m_4	p_4	p_4m_4
	...				

单项作业成本明细表				内容	
机械	单臂、双臂电桥	台班	H_1	Q_1	$H_1 Q_1$
	电动扳手	台班	H_2	Q_2	$H_2 Q_2$
	电焊条烘干箱	台班	H_3	Q_3	$H_3 Q_3$
	电子摇表	台班	H_4	Q_4	$H_4 Q_4$
	…				
合计				$\sum_{i=1}^{n}\left(P_i M_i + p_i m_i + Q_i H_i\right)$	

经过对动因为 220kV，容量为 18 万 kVA 的变压器设备的明细整理可得，其常规综合检修费用为 15260 元，解体综合检修费用为 114300 元。将 220kV×× 变电站 1 号主变压器设备历年的检修运维费用与标准作业成本进行结合，运用 220kV 变压器设备的常规综合检修、解体综合检修标准作业成本预测未来的检修成本。

在与相关专业人员了解中，变压器设备综合检修解体周期为六年一次。因此利用常规综合检修的标准作业成本与解体综合检修的标准作业成本进行预测，由于每年的实际检修成本肯定会有所波动，因此利用随机数对每年的标准作业成本进行细微调整。

表 5-16 历年检修运维费用

设备名称	220kV×× 变电站 1 号主变压器
设备类型	主变压器
电压等级	220kV
所属单位	××
厂家	×× 变压器有限责任公司
型号	××××–150000/220
环境	室外
PMS 编号	11M00000000291514
资产编号	×××××××4173
资产原值（元）	m_1
累计折旧（元）	m_2

续表

设备名称	220kV××变电站 1 号主变压器
每月折旧（元）	m_3
新购置价格（元）	m_4
新购置安装费用（元）	m_5
A 检费用（元）	m_6
报废拍卖收入（元）	m_7
资本化日期	YY–MM–DD
折旧年限	m_8
投运年份	a_1

（二）测算技改大修年金

在得出 220kV××变电站 1 号主变压器设备的检修成本的基础上，利用改进的 LCC 模型测算出不同年份下的技改成本与大修成本。

固定资产更新决策，是指在假设维持现有生产能力水平不变的前提下，选择继续使用旧设备还是购买新设备。

对企业而言，用新设备替换旧设备不改变企业的生产能力，不会增加企业的营业现金流入，即使有少量的残值变价收入也不是实质性现金流入的增加。

在更新决策中，只需比较各方案的现金流出量即可。由于选择新设备和更新旧设备大多数情况下使用寿命是不相同的，因此固定资产更新决策实际就是比较方案的年金成本，年金成本最低的方案最优。

年金成本是指未来使用年限内的现金流出总现值与年金现值系数的比值。即：

$$年均值 = 总成本 / 年份 = 总成本 / [(n-2021)+\alpha]$$

$$NJ_n = ZCB_n \div (n-2021+\alpha)n$$

$$年金值 = 总成本 / 年金系数$$

$$年金系数 = \{1-(1+i)^{-[(n-2021)+\alpha]}\}/i$$

$$NJ_n = ZCB_n \div \frac{1-(1+i)^{-(n-2021)+\alpha}}{i}$$

其中，NJ_n 是年均值；ZCB_n 是总成本；i 是基础利率，依照 30 年国债收益率取值 3.678%；α 是设备的使用年限，这里的主变压器设备的使用年限是 30 年，所以 α 取值 30。

将改进的 LCC 模型与年金现值理论结合，220kV××变电站 1 号主变压器技改年金、

220kV×× 变电站 1 号主变压器大修年金、220kV×× 变电站 1 号主变压器技改大修年金对比分别如表 5-17 ~ 表 5-19 所示。220kV×× 变电站 1 号主变压器技改大修年金对比图见图 5-16。

表 5-17　220kV×× 变电站 1 号主变压器技改年金

投运年份	年份	设备重置成本（元）	检修运维成本（元）	保险费用（元）	处置收益（元）	准许收益（元）	总成本（元）	年金（元）
a_1	2022 年	M_1	m_1	H_1	h_1	I_1	$M_1+m_1+H_1-h_1-I_1$	$\dfrac{M_1+m_1+H_1-h_1-I_1}{\dfrac{1-(1+i)^{n+2021-a_1}}{i}}$
a_2	2029 年	M_2	m_2	H_2	h_2	I_2	$M_2+m_2+H_2-h_2-I_2$	$\dfrac{M_2+m_2+H_2-h_2-I_2}{\dfrac{1-(1+i)^{n+2021-a_2}}{i}}$
a_3	2036 年	M_3	m_3	H_3	h_3	I_3	$M_3+m_3+H_3-h_3-I_3$	$\dfrac{M_3+m_3+H_3-h_3-I_3}{\dfrac{1-(1+i)^{n+2021-a_3}}{i}}$

表 5-18　220kV×× 变电站 1 号主变压器大修年金

投运年份	年份	大修成本（元）	检修运维成本（元）	保险费用（元）	处置收益（元）	总成本（元）	年金（元）
a_1	2022 年	M_1	m_1	H_1	h_1	$M_1+m_1+H_1-h_1$	$\dfrac{M_1+m_1+H_1-h_1}{\dfrac{1-(1+i)^{n+2021-a_1}}{i}}$
a_2	2029 年	M_2	m_2	H_2	h_2	$M_2+m_2+H_2-h_2$	$\dfrac{M_2+m_2+H_2-h_2}{\dfrac{1-(1+i)^{n+2021-a_2}}{i}}$
a_3	2036 年	M_3	m_3	H_3	h_3	$M_3+m_3+H_3-h_3$	$\dfrac{M_3+m_3+H_3-h_3}{\dfrac{1-(1+i)^{n+2021-a_3}}{i}}$

表 5-19　220kV×× 变电站 1 号主变压器技改大修年金对比

年份	技改年金（元）	大修年金（元）	策略选择
2022 年	M_1	m_1	大修
2026 年	M_2	m_2	大修
2030 年	M_3	m_3	大修
2032 年	M_4	m_4	技改
2034 年	M_5	m_5	技改
2036 年	M_6	m_6	技改

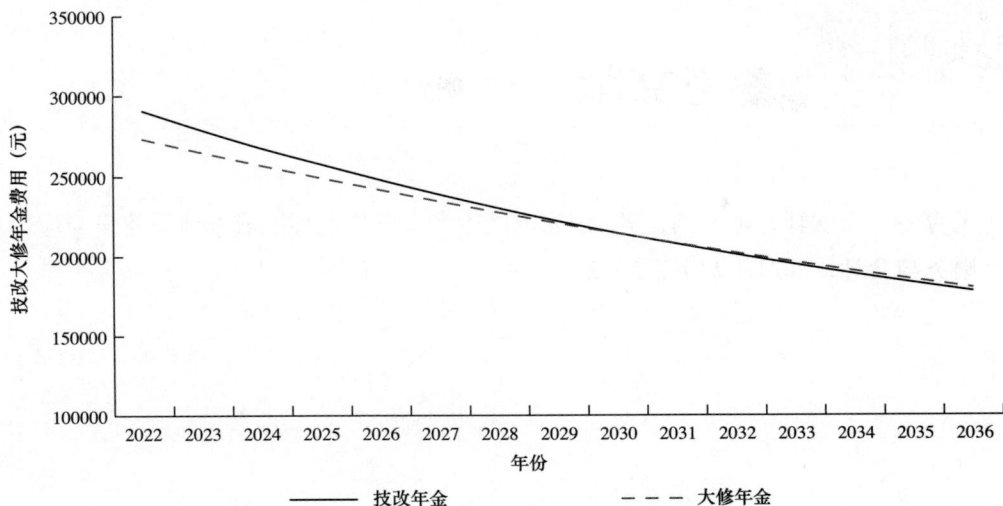

图 5-16 220kV××变电站 1 号主变压器技改大修年金对比图

（三）确定更优策略

基于上述分析可知 220kV××变电站 1 号主变压器设备在 2029 年之前技改年金始终大于大修年金，2029 年之前若设备状态异常严重，则应优选大修策略；但随着技改年金呈逐年下降趋势，2029 年之后设备的技改年金将低于大修年金且差值日渐增大，即在2029 年之后应优选技改策略。

该场景基于标准作业成本，对 220kV××变电站 1 号主变压器设备进行检修成本预测，同时结合改进 LCC 模型对技改与大修的年金现值进行测算。

利用标准作业成本对未来的检修成本进行测算使其变得更为规范化，更为方便，做到有"数"可依。

同时利用标准作业成本测算的检修成本与改进的 LCC 模型进行测算，按照年金现值理论，比较每年技改与大修的年金现值，为电网的技改大修策略选择提供建议，有效提高了资金利用率。

参考文献

［1］毛育冬，娄欣轩，陈世剑，等 . 国家电网生产运营作业标准成本体系建设与应用 [J].
财务与会计，2021（23）：20-22.

后 记

　　作业成本法是为了适应新的生产经营环境而产生的，是将生产经营费用按照作业类别、成本库或费用责任中心等进一步细分来编制预算，分别制定标准生产经营费用分配率和标准生产经营费用数量，然后进行汇总，计算出生产经营费用的标准成本，以及各种产品的单位标准生产经营费用。它克服了传统的以生产数量为基础的成本系统中生产经营费用责任不够明确和分配不准确的缺点，使许多不可控生产经营费用变为可控，并且为企业提供了更为真实可靠的成本信息。

　　信息化时代下电网企业的发展必须要充分结合时代的发展，电力行业作为关系国民经济的重要行业之一，对于经济社会发展有着举足轻重的作用。近年来，国家电网公司对原有的标准成本体系实施作业化改造，全面测算电网企业每一项作业支出的料、工、费，构建了由 16 万条支出标准组成的标准成本库，打造覆盖全员、全业务、全过程的作业标准成本管理体系，创新实施"保障性＋完善性＋提升性"预算分配模式，建立"资产—设备—项目—作业"四维投入产出评价模型，构建"库—链—池—群"成本精益管控模式。

　　为实现电网企业精益管控成本的目标，本书对作业标准成本体系进行了系统构建，并对其在预算分配、可研评审、效能评价以及资产维护方案优选四个场景下的应用进行了论述。新作业标准成本体系的构建，为优化电网企业资源配置、贯通业财数据链路、强化数据资产赋能、提升设备管理成效、辅助业务管理决策奠定了坚实的基础。有效地实现成本控制，提升电网企业的成本管理水平，提升促进经济效益，实现电网企业集约化、精益化、长远化的发展。

　　电网企业在作业标准成本体系的构建过程中，不仅要在线下数据贯通的基础上，深化研究信息系统，将数据贯通以实现线上化管理；还要深刻认识到，作业标准成本体系的构建是一个动态完善的过程，技术的变革、经济环境的变化均会导致标准作业形式、相应的材料价格等发生变化，需将修编工作纳入整个预算管理体系中，并成为预算管理委员会的日常工作，建立标准成本动态修编的常态化管理机制；更需要进一步协同专业部门细化各流程节点，促使成本管控进一步向精益型转变，逐步开展预算精益管理应用工作；同时积极探索资本性标准成本实现落地应用，建立资本性项目可研经济性评价标准，打造资本性项目标准成本体系，实现经济效益全面评价；最终，结合电网企业"放管服"和多维精益管理变革，将作业标准成本进一步应用到项目可研经济性评审、成本执行分析、控制等环节，开展投入产出分析，积极促进资源优化配置，不断提升价值创造能力。